植物造景丛书

阴地植物景观

周厚高 主编

江苏凤凰科学技术出版社

图书在版编目（CIP）数据

阴地植物景观 / 周厚高主编 . -- 南京 ：江苏凤凰科学技术出版社，2019.5
（植物造景丛书）
ISBN 978-7-5713-0110-1

Ⅰ . ①阴… Ⅱ . ①周… Ⅲ . ①耐阴植物－景观设计 Ⅳ . ① TU986.2

中国版本图书馆 CIP 数据核字 (2019) 第 024903 号

植物造景丛书——阴地植物景观

主　　编	周厚高
项目策划	凤凰空间／段建姣
责任编辑	刘屹立　赵　研
特约编辑	段建姣
出版发行	江苏凤凰科学技术出版社
出版社地址	南京市湖南路1号A楼，邮编：210009
出版社网址	http：//www.pspress.cn
总　经　销	天津凤凰空间文化传媒有限公司
总经销网址	http：//www.ifengspace.cn
印　　刷	北京博海升彩色印刷有限公司
开　　本	710 mm×1000 mm　1／16
印　　张	12
字　　数	230000
版　　次	2019年5月第1版
印　　次	2024年1月第2次印刷
标准书号	ISBN 978-7-5713-0110-1
定　　价	88.00元

图书如有印装质量问题，可随时向销售部调换（电话：022-87893668）。

前言 Preface

中国植物资源丰富，园林植物种类繁多，早有“世界园林之母”的美称。中国园林植物文化历史悠久，历朝历代均有经典著作，如西晋嵇含的《南方草木状》、唐朝王庆芳的《庭院草木疏》、宋朝陈景沂的《全芳备祖》、明朝王象晋的《群芳谱》、清朝汪灏的《广群芳谱》、民国黄氏的《花经》、近年陈俊愉等的《中国花经》等，这些著作系统而全面地记载了我国不同时期的园林植物概况。

改革开放后，我国园林植物种类不断增多，物种多样性越发丰富，有关园林植物的著作也很多，但大多数著作偏重于植物介绍，忽视了对植物造景功能的阐述。随着我国园林事业的快速发展，植物造景的技术和艺术得到了较大进步，学术界、产业界和教育界的学者及工程技术人员、园林设计师和相关专业师生对植物造景的知识需求十分迫切。因此，我们主编了这套“植物造景丛书”，旨在综合阐述园林植物种类知识和植物造景艺术，着重介绍中国现代主要园林植物景观特色及造景应用。

本丛书按照园林植物的特性和造景功能分为八个分册，内容包括水体植物景观、绿篱植物景观、花境植物景观、阴地植物景观、地被植物景观、行道植物景观、芳香植物景观、藤蔓植物景观。

本丛书图文并茂，采用大量精美的图片来展示植物的景观特征、造景功能和园林应用。植物造景的图片是近年在全国主要大中城市拍摄的实景照片，书中同时介绍了所收录植物品种的学名、形态特征、生物习性、繁殖要点、栽培养护要点，代表了我国植物造景艺术和技术的水平，具有十分重要的参考价值。

本丛书的编写得到了许多城市园林部门的大力支持，张施君、陈爱葵参与了前期编写，王斌、王旺青提供了部分图片，在此表示最诚挚的谢意！

编者

2018 年于广州

目录 Contents

第一章 阴地植物概述 006

第二章 宿根草本阴地植物造景 010

第三章 球根阴地植物造景 ○○○ 064

第四章 藤本阴地植物造景 ○○○ 078

第五章 乔木阴地植物造景 ○○○ 088

第六章 灌木阴地植物造景 ○○○ 120

中文名索引 ●●● 190

参考文献 ●●● 192

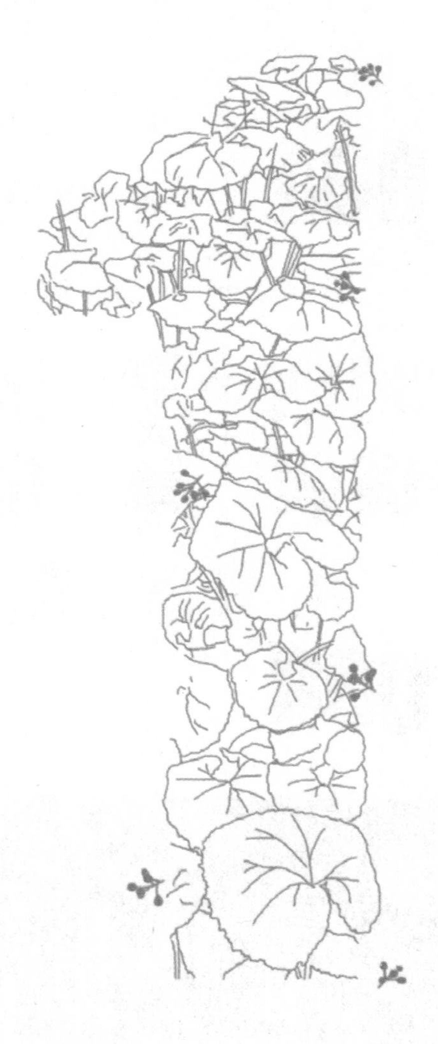

第一章 阴地植物概述

造景功能

在光照不足的环境，如林下、室内、建筑物背阴处，植物造景需要具有耐阴性的景观植物，并根据环境的光照条件选择适宜的植物种类。在缺乏阳光直射的环境，应选用阴生植物；在较少直射阳光的场地（如中庭），可选用耐阴或中性的景观植物。在阴地环境进行植物配置时，不同的空间层次要选用不同耐阴程度的景观植物。

阴地植物概论

阴地环境常指无直射阳光或直射阳光照射时间不足的场地。园林植物造景中的阴地环境主要有建筑中庭、架空层、室内环境、林下、立交桥、建筑背阴面等。

以光照为主导因子，阴地环境随温度、湿度等环境因子的变化而有其特殊性，导致植物造景方法的不同、植物类型选择的差异。在此类场地营造植物景观是园林工作者必须面对的问题，随着园林艺术的发展和人们对景观要求的提高，阴地环境植物景观的建设日益受到重视。

室内阴地植物景观营造的艺术和技术，特别是观叶植物的配置和设计，经过几十年的实践，有了长足的发展，积累了丰富的经验。而对于园林中阴蔽环境的植物景观营造，其理论体系和技术规范尚未建立。本书着重介绍在阴地植物景观中常用的阴生和中性植物及其配置应用实例。

阴地环境的类型

阴地环境可以根据其阳光直射的程度和方式分为三种类型：无直射阳光环境、直射阳光不足环境和光斑环境。

无直射阳光环境

指只有散射光，没有直射阳光照射的环境，如室内环境、建筑物内部环境。此类环境除了无直射阳光的特点之外，还有环境封闭性强、通风透气性差、温度变化缓慢、湿度较小、土壤大多为客土的特点。植物景观营造时选择适宜的植物种类十分重要，植物的耐阴性、低空气湿度的耐受能力、植株的体型大小是必须考虑的主要因素。空气湿度偏低是室内景观植物良好生长和保持景观效果的限制因素之一，应选择叶片质地厚、具光泽的植物。无直射阳光环境常见的景观植物有巢蕨（*Neottopteris nidus*）、肾蕨（*Nephrolepis auriculata*）、桫椤（*Alsophila spinulosa*）、鸭脚木类（*Schefflera* spp.）、绿萝（*Scindapsus aureus*）、蔓绿绒类（*Philodendron* spp.）等。

直射阳光不足环境

指一天中有一定时间的阳光直射，但日照时数不足的场地。该类场地具有一定程度的开放性，但与之相伴的建筑物又造成了一定程度的封闭性，引起空气流通的减弱、温度和湿度变化的缓慢，该类环境的土层一般比较浅薄。

直射阳光不足环境主要包括中庭、大型立交桥下、建筑物背阴处（北面）等，其日照时间的长短与建筑物的高度有关，与场地的具体部位邻近建筑物的距离有关。建筑物越高、部位在北面靠建筑物越近其直射日照的时间就越短，中庭离南面建筑物越近的区域，直射日照时间越少，中庭靠北面建筑物越近的区域，直射日照时间越多。大型立交桥的两侧直射日照时数较长，而中央则直射日照少，甚至无直射阳光。

该类环境光照条件变化大，不同部位选择的植物类型不同。如果具有全日或半日以上直射阳光的区域，可以选用阳性或中性的植物；如果只有半日以下直射阳光的区域，最好选用中性植物，也可选用一些阳性植物和阴性植物；如果极少或没有直射阳光的区域，可以选用阴性或中性的植物。

根据栽培场地的土层厚度以及景观的需要选用不同高度、不同类型的景观植物，如土层厚度为 60cm 以上，可以选用乔木；土层厚度为 30~60cm，可以选用灌木；土层厚度为 10~30cm，宜配置花境、地被和草坪。选择的植物要求长势慢、抗性强、维护强度小，以降低成本、长期保持良好的景观效果。

光斑环境

特指林下直射阳光稀少的环境，直射阳光以光斑形式短暂照射下层植物。上层植物的密度、高度和层数决定了下层的光照强弱。此类环境宜选择耐阴性强的阴生植物，如果上层稀疏，直射阳光较充足，也可选择中性植物。

阴地植物的主要类群

应用于阴蔽环境植物景观营造的植物种类很多，为了方便使用，对阴地景观植物进行人为的分类是十分必要的。目前阴地景观植物尚没有完善的分类方法，在此我们根据不同目的、不同的性状将其划分形成不同的分类群。

依据生态习性特别是对光照强度的需求分类

- 中性阴地植物

该类植物对光照强度的要求幅度较大，在阳光直射、散射条件下均能正常生长，如东方紫金牛（*Ardisia squamulosa*）、红边龙血树（*Dracaena marginata*）、万年麻（*Fucraea foetida*）、龙舌兰（*Agave americana*）等。中性阴地植物常常用于中庭等地的植物景观营造，在这些地方，阳光可以短时直射，但总体上不能满足阳性植物长期正常生长。

- 阴性阴地植物

该类植物对光照强度的要求较严格，在散射光条件下才能正常生长，在直射光下生长不良。此类植物，根据对光照强度的要求不同，还可以细分不同类，如花叶万年青（*Dieffenbachia* spp.）、万年青（*Rohdea japonica*）、天门冬（*Asparagus cochinchinensis*）、花烛（*Anthurium andraeanum*）等。

根据应用方式分类

阴地地被景观植物，如花叶冷水花(*Pilea notata*)合果芋（*Syngonium podophyllum*）等。阴地绿篱景观植物，如垂榕（*Ficus benjamina*）、黄杨（*Buxus sinica*）等。室内植物，如鹿角蕨（*Platycerium bifurcatum*）、福禄桐（*Polyscias balfouriana*）等。阴地水体景观植物，如菖蒲（*Acorus calamus*）、石菖蒲（*Acorus tatarinowii*）等。

依据生物学和生态学分类

- 草本阴地植物

多年生类，如白掌（*Spathiphyllum kochii*）、粗肋草（*Aglaonema* spp.）、吊兰（*Chlorophytum comosum*）、巴西鸢尾（*Neomarica gracilis*）、白及（*Bletilla striata*）等。球根类，如百子莲（*Agapanthus africanus*）、蜘蛛兰（*Hymenocallis littoralis*）、花叶芋（*Caladium hortulanum*）等。藤本类，如绿萝（*Scindapsus aureus*）、合果芋（*Syngonium podophyllum*）等。

- 木本阴地植物

乔木类，如橡胶榕（*Ficus elastica*）、蚊母树（*Distylium racemosum*）、兰屿肉桂（*Cinnamomum kotoense*）等。灌木类，如非莉（*Fagraea ceilanica*）、鸳鸯茉莉（*Brunfelsia latifolia*）、雪花木（*Breynia nivosa*）等。藤本类，如薜荔（*Ficus pumila*）、买麻藤（*Gnetum montanum*）等。

第二章

宿根草本阴地植物造景

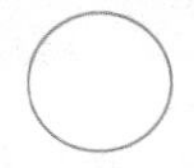

造景功能

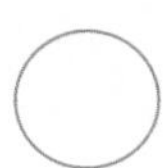

宿根草本阴地植物是构建阴地景观中常见的类型，应用范围较广。在景观群落中，它是构建下层或地被层的植物材料。因其是景观群落中不可缺少的组成部分，在窄小空间或室内空间中，该类植物也可单独营造景观。

红背竹芋

别名：紫背竹芋、红背卧花竹芋
科属名：竹芋科卧花竹芋属
学名：*Stromanthe sanguinea*

形态特征

多年生草本，高可达 1m。根状茎匍匐状。叶基生，2 列；叶片椭圆状披针形，叶面绿色有光泽，叶背紫红色。圆锥花序生于叶腋，具长梗；花两性，红色。花期 4~6 月。品种有花叶紫背竹芋（var. *variegata*）。

适应地区

原产于巴西，现广泛栽培于热带、亚热带地区。

生物特性

喜热，不耐寒，12℃以下停止生长，4℃以下易受寒害，生长适温为 20~30℃。喜散射光，稍耐日晒。喜湿润、肥沃、疏松而富含纤维质的土壤。不耐干旱。

繁殖栽培

分株繁殖，将丛生株从母株根茎处切下移植即可。夏季应遮阴 70% 以上，冬季可适当增加光照。

景观特征

红背竹芋株形

红背竹芋叶色秀丽，花色鲜艳，株形多样，或整齐，或参差。其叶片质地厚，能抗园林粗放管理环境条件，生长良好，容易养护，是难得的阴生景观植物。在南方近年用量较大。

园林应用

可丛植造景，也可条带配置，温暖地区还可以在庭院中庭阴处或林阴环境下作地被栽植。其也可盆栽作各种室内布置，又可作切花观赏。

✲ 园林造景功能相近的植物 ✲

中文名	学名	形态特征	园林应用	适应地区
可爱竹芋	*Stromanthe amabilis*	叶长卵形，较大，叶表灰绿色，上具多行横向排列均匀的草绿色斑纹	同红背竹芋	同红背竹芋

红背竹芋花序 ▷

红背竹芋景观

红背竹芋景观

红背竹芋花枝

栉花竹芋

别名：七彩竹芋、艳锦竹芋、彩叶竹芋
科属名：竹芋科锦竹芋属
学名：*Ctenanthe oppenheimiana*

形态特征

多年生常绿草本，植株丛生，高50~70cm。叶长椭圆形，长15~30cm，宽8~12cm，叶缘稍有波浪形起伏，叶面七彩斑斓，以红色、粉红色为主，叶背红色。圆锥花序生于叶腋，具长梗；花两性，红色。花期4~6月。品种有三色栉花竹芋（cv. Tricolor），叶面有不规则乳白色、淡桃红色斑；四色栉花竹芋（cv. Quadoricolor），叶面有不规则乳白色、淡桃红色斑，斑块面积远大于三色栉花竹芋，幼叶桃红色，有绿色斑块。

三色栉花竹

适应地区

原产于南美巴西热带雨林。

四色栉花竹芋景

生物特性

喜高温、高湿的半阴环境，不耐寒，忌烈日暴晒。生长适温为20~35℃，冬季保持15℃以上的温度，低于13℃就会受冻害。

繁殖栽培

分株繁殖，一般在春末夏初气温20℃左右时进行，每丛有2~3个萌芽和健壮根。对空气湿度有一定要求，应经常向植株及周围地面喷水。

景观特征

叶色美丽多彩，斑纹奇异，枝叶生长茂密、株形丰满，具有独特的风采，是优良的喜阴观叶植物。

四色栉花竹芋景

园林应用

应用于花坛、花境配置，也可做地被。盆栽供室内装饰。该品种能适应园林中的粗放管理条件，是近年南方园林造景中用量最大、发展最快的竹芋类景观植物。

四色栉花竹芋花序 ▷

四色栉花竹芋景观

四色栉花竹芋景观

四色栉花竹芋景观

消竹芋类

科属名：竹芋科肖竹芋属
学名：*Calathea* spp.

形态特征

多年生常绿草本，高 30~60cm。具根状茎；茎常不分枝。叶卵状椭圆形，基生或茎生，全缘，叶面常具美丽的斑块。花排成头状或球果状花序；苞片 2~4 片，螺旋状排列。品种有彩虹竹芋（*C. roseo-picta*）、孔雀竹芋（*C. makoyana*）、黄斑竹芋（*C. lubbersiana*）、花纹竹芋（*C. picturata* var. *vandenheckei*）、红叶竹芋（*C. roseo-picta*）、天鹅绒竹芋（*C. zebrina*）、圆叶竹芋（*C. rotundifolia*）、银羽竹芋（*C. setosa*）、双色竹芋景观（*C. bicolor*）。

银羽竹芋景观

适应地区

国内各地有引种观赏。

生物特性

喜高温、高湿和半阴的环境，不耐寒。生长适温为 18~25℃，越冬温度为 5℃。空气湿度要求 70%~80%。

孔雀竹芋叶特写

花纹竹芋叶特写

圆叶竹芋叶特写

黄斑竹芋叶特写

红叶竹芋叶特写

银羽竹芋叶特写

彩虹竹芋叶特写 ▷

繁殖栽培

分株繁殖，一般多于春末夏初气温 20℃左右时进行，每丛有 2~3 个萌芽和健壮根。夏秋季除经常保持盆土湿润外，还须经常向叶面喷水，以降温保湿；秋末后应控制水分，以利抗寒越冬。空气湿度是影响园林中肖竹芋类植物生长的主要因素。

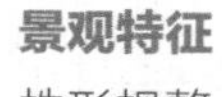

景观特征

株形规整、成丛，叶面富有精致的斑纹，色彩清新柔和，是观叶植物中最丰富的。

园林应用

在阴湿环境、建筑物背阴处绿化，可构建花坛、花境。盆栽供室内装饰。

双色竹芋和红背竹芋景观

天鹅绒竹芋和孔雀竹芋在室内营造的小型景观

天鹅绒竹芋景观

天鹅绒竹芋景观

大叶仙茅

别名：野棕、般仔草
科属名：仙茅科仙茅属
学名：*Curculigo capitulata*

大叶仙茅叶形特写

形态特征

多年生草本，高40~70cm，丛生状。地下有块状根茎。叶基生3~6片，大型，椭圆状披针形，平行脉凹皱。花梗腋生，比叶柄短，总状花序伞房状，小花黄色。花期夏季。

适应地区

原产于我国南部各省区，现广泛栽培。

生物特性

喜高温，较耐寒，也耐旱，生长适温为20~30℃。栽培处宜半阴的环境，日照60%~70%，夏季忌强烈日照。栽培以肥沃的砂质壤土最佳，排水力求良好。

繁殖栽培

分株繁殖，春至秋季均能分切子株栽植，也可分切地下根茎栽植。避免烈日直射和保持较高的空气湿度。成株太拥挤，应进行分株、修剪。

大叶仙茅景

景观特征

叶片宽大苍绿，是良好的观叶植物。植株丛生，种植时间较长的植株较大型，形成颇为壮观的景观。

园林应用

可盆栽，也可地栽，宜种植在建筑物的北侧墙脚或树阴处、阴棚下。园林中多栽植于花径，或于草地丛植。

大叶仙茅景观

大叶仙茅景

亮丝草类

别名：粗肋草
科属名：天南星科广东万年青属
学名：*Aglaonema* spp.

白肋亮丝草叶特写

形态特征

多年生草本，高 45~65cm。叶披针形，深绿色或有黄绿色的斑块，质厚。花序柄成束由下部叶鞘内抽出，佛焰苞小，绿色或淡黄色，花单性，雌雄同株。浆果橙红色。亮丝草类有五十多种，常见的有细斑亮丝草（*A. commutatum*），栽培品种有金皇后（cv. Pseudobracteatum）、银皇后（cv. Silver Queen）、银王亮丝草（cv. Silver King）、斜纹粗肋草（黑美人）（cv. SanRemo）、黄金宝玉（cv. Pseudobracteatum）。相近的种还有白肋亮丝草（*A. costatum*）、广东万年青（*A. modestum*）等。

适应地区

原产于马来西亚、菲律宾至印度。

生物特性

喜高温且空气湿度高的环境，忌强光直射。以排水良好的腐叶土或砂质壤土为佳。

广东万年青叶特写

繁殖栽培

春季分株或扦插繁殖。规模生产采用组培繁殖。生长季节要保证水分供应，保持土壤湿润。

景观特征

鲜绿的叶面镶嵌着黄绿色的斑点，色彩柔和，青翠素雅，配置在稍为明亮的地方，可促使其斑块更加艳丽多彩。

园林应用

华南地区阴地片植，是地被、护坡的良好材料，也是良好的室内观叶植物，可盆栽或室内造景。

黄金宝玉叶特写

银王亮丝草叶特写

银王亮丝草景观

龟背竹

别名：蓬莱蕉
科属名：天南星科龟背竹属
学名：*Monstera deliciosa*

形态特征

多年生湿地草本。茎粗壮，节间抽生柱状的气生根，褐色。单叶互生，厚革质，深绿色；幼叶无孔，心脏形；随着植株的长大，叶主脉两侧产生穿孔，叶外侧羽状分裂，产生形似龟背的成熟叶片，长可达 60cm，呈椭圆形；叶柄长 30~50cm。佛焰苞淡黄色，肉穗花序白色，后变成绿色，浆果成熟时暗蓝色被白霜，有香蕉气味。花期 4~6 月。品种有斑叶龟背竹（var. *variegata*）、小孔龟背竹（cv. Borsigiana）。

适应地区

我国广东、海南和台湾等地有分布。

生物特性

喜温暖、湿润的环境，生长适温为 20~25℃，最低温度不得低于 5℃，空气相对湿度宜 70%~80%。要求光照充足，光照时间常与叶片生长成正比，光照时间越长，叶片就越大、越厚，周边的羽裂越深、越多。在炎热的夏日不可直晒，以免焦叶，耐半阴，不耐干旱。

繁殖栽培

以无性繁殖为主，将茎切成有 2 个节的茎段，剪除部分叶片，插于沙床，保持湿润，在 25℃条件下约 20 天发根。也可播种繁殖，于春季 4~5 月进行，播种苗生长快。生长旺盛期追肥 3~4 次，也可采取定期施肥。在炎热的高温期内，要保持空气湿度在 90% 左右，使叶色嫩绿青翠。通风不良时易生介壳虫，要及时防治。

龟背竹株形

景观特征

叶形奇特，四季常青，气生根线状直垂，果熟芳香四溢，极富南国情趣。

＊园林造景功能相近的植物＊

中文名	学名	形态特征	园林应用	适应地区
小龟背竹	*Monstera adansonii*	茎具蔓性。叶近圆形，羽状深裂	同龟背竹	同龟背竹
麒麟尾	*Epipremnum pinnatum*	茎蔓生，节上生根，能攀援。叶卵圆形，羽状裂	同龟背竹	同龟背竹

龟背竹花序 ▷

龟背竹景观

龟背竹附墙攀援景观

龟背竹片植做地被

园林应用

在广东、广西、海南、福建、云南等地作露地栽培，植于庭院水景中，幽雅别致，自然大方，是少见的湿生垂直绿化材料。南方用于配置庭园棚架或墙垣，又可散植于池旁、溪沟和石隙中，具有深山幽谷之意境。

花叶龟背竹景观

龟背竹景观

花叶万年青

别名：黛粉叶
科属名：天南星科花叶万年青属
学名：*Dieffenbachia* spp.

形态特征

常绿灌木，高 30~90cm。茎直立，节间短。叶长椭圆形，略波状缘，叶面泛布各种乳白色或乳黄色斑纹或斑点。成株开花，佛焰花序。种类和品种相当多，在园林造景中常见的有绿玉粉黛叶（cv. Marianne）、白玉粉黛叶（cv. Camilla）、大王粉黛叶（*D. amoena*）、白缘粉黛叶（cv. Anna）、革叶粉黛叶（*D. daguensis*）等。

革叶粉黛叶

适应地区

原产于美洲热带地区，现广泛栽培，华南南部可以露地栽培造景，其他地区可在保护条件下造景。

绿玉粉黛叶景观

生物特性

喜高温、高湿、半阴或阴蔽的环境。生长适温为 20~30℃；不耐寒，越冬温度为 8~10℃。耐阴，怕晒。

繁殖栽培

于 7~8 月高温期进行扦插，保持较高的空气湿度，温度为 24~30℃。光线过强，叶面会变得粗糙，甚至叶面大面积灼伤。在明亮的散射光下生长最好，叶色更鲜明美丽。在生长季给予较充分浇水，同时辅以叶面喷水。秋后开始控制水分。

景观特征

叶片宽大，绿色叶片嵌入黄色、白色斑，株形整齐，优美高雅，充满生机。

园林应用

适合盆栽装饰公共场所、厅堂。华南地区可于庭院露地栽培，配置于室内、建筑北面。

花叶万年青叶特写 ▷

白缘粉黛叶特写

绿玉粉黛叶特写

绿玉粉黛叶景观

春羽

别名：裂叶喜林芋
科属名：天南星科蔓绿绒属
学名：*Philodendron sellosum*

形态特征

多年生常绿草本，植株高大，高 1.5m 以上。茎直立，木质化，有气生根。叶簇生，着生于茎端，广心脏形，羽状深裂，长 60cm，宽 40cm，革质，浓绿色有光泽；叶柄坚挺而细长，长80~100cm。肉穗花序大，白色，佛焰苞绿色肉质且厚。品种有小天使（cv. Xanadu）。

春羽景观

适应地区

我国北回归线以南地区可露地运用。

生物特性

喜温暖、湿润和半阴的环境。适应性强，不耐低温，怕干燥。生长适温为 18~28℃，冬季温度不低于 8℃。以肥沃、疏松和排水良好的微酸性砂质壤土为宜。

繁殖栽培

常用扦插、播种、分株和组培繁殖。生长期保持土壤湿润，尤其在夏季高温期不能缺水，除每天浇水外，要经常向叶面喷水，保持空气湿度 70%~80%。如温度低于 15℃，需减少浇水量。及时剪除基部黄化老叶。

景观特征

叶片宽大肥厚，手掌形，呈羽状深裂，有光泽，叶柄和气生根粗壮，披垂，大方清雅，富有热带雨林气息。

园林应用

适宜布置于庭院、宾馆大厅、室内花园、办公空间及家庭的客厅、书房。

* 园林造景功能相近的植物 *

中文名	学名	形态特征	园林应用	适应地区
羽裂蔓绿绒	*Philodendron pittieri*	个体较小。叶密集，叶片矩形，长 20~30cm，宽 15~20cm，规则羽裂；叶柄长 15~20cm	同春羽	同春羽

春羽花序 ▷

春羽株形

春羽景观

小天使景观

春羽景观

羽裂蔓绿绒叶

羽裂蔓绿绒景观

白掌

别名：白鹤芋、苞叶芋
科属名：天南星科白掌属
学名：*Spathiphyllum kochii*

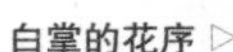
白掌的花序 ▷

形态特征

多年生草本，高25~35cm。具短根茎。叶基生，革质，长椭圆状披针形，长20~30cm，宽10cm，两端渐尖，叶脉明显。佛焰苞阔卵形，白色，高出叶面，大而显著。肉穗花序细长，乳黄色。夏、秋季节开花。栽培品种有近30种，如大叶白掌（cv. Maura Loa）、绿巨人（cv. Supreme）等。

香水白掌景

适应地区

现广泛栽培应用于热带、南亚热带地区。

生物特性

喜高温、多湿和半阴的环境。生长适温为22~28℃，冬季温度不低于14℃。以肥沃、含腐殖质丰富的壤土为好。

白掌景

繁殖栽培

分株繁殖于5~6月进行，从株丛基部将根茎切开分栽。怕强光暴晒，夏季需遮阴。对湿度比较敏感，夏季高温和秋季干燥时，要多喷水。注意修根和剪除枯萎叶片。

景观特征

叶片翠绿，佛焰苞洁白，花茎挺拔秀美，清新悦目，是重要的观花和观叶植物。

园林应用

盆栽用于装饰厅堂、公共场所，高雅俊美。华南地区配置于小庭园、池畔、墙角，别具一格。其花也是极好的插花装饰材料。

* 园林造景功能相近的植物 *

中文名	学名	形态特征	园林应用	适应地区
匙状白鹤芋	*Spathiphyllum cochlearispathum*	高60~90cm，叶片大	同白掌	同白掌
多花白鹤芋	*S. floribundum*	高30cm。叶深绿色。花白色或淡黄色	同白掌	同白掌
香水白掌	*S. patinii*	高60~90cm。叶片大。花序有香气	同白掌	同白掌

万年青

别名：铁扁担、冬不凋草、白沙车
科属名：百合科万年青属
学名：*Rohdea japonica*

万年青花序 ▷

形态特征

多年生常绿草本，根状茎短粗，高50~60cm。叶3~6片，自根状茎丛生，肥厚，光亮，矩圆形或倒披针形；全缘波状，先端急尖，基部渐狭呈柄。花葶自叶丛中抽出，穗状花序顶生，花小，无柄，花密生，淡绿色，裂片厚。浆果球形，橘红色。花期6~7月。栽培品种较多，主要有金边万年青（var. *marginata*），叶缘黄色；银边万年青（var. *variegata*），叶缘白色；花叶万年青（*Dieffenbachia* spp.），叶面有白色斑点。还有大叶、细叶及矮生品种。

金边万年青叶特写

适应地区

原产于我国及日本。我国常野生于山涧、林阴湿地等处，庭园也常有栽培。

万年青景观

生物特性

喜温暖、湿润气候及半阴的环境，但最好冬季阳光充足、夏季半阴。忌强光。要求砂质壤土及腐殖质壤土，微酸性为好。耐寒性强，长江中下游地区可露地越冬，叶上部虽有冻害，但翌年春季仍重新发叶生长。生长适温为15~25℃。

繁殖栽培

以分株为主，也可用播种繁殖。分株常在9~10月或春季3~4月进行。播种于春季盆播，经常保持土壤湿润，温度在20~30℃时20天左右出苗。夏季生长旺盛季节应加强灌溉，每15~20天追施液肥1次，适当增加磷肥，则叶色浓绿，生长更旺。华北地区盆栽，0℃以上温度越冬；温暖地区露地栽培，要求较湿润的空气和通风良好的条件。生长期间易受介壳虫危害，注意通风防虫害。

景观特征

叶色翠绿，叶片舒展，绿白色的花朵清新淡雅，是一种象征志高而不孤傲的优秀观赏植物，深受人们喜爱。

园林应用

万年青叶丛四季青翠，鲜红的果子秋冬不凋，是良好的观叶、观果花卉，可做林地、路边地被材料，盆栽作室内陈设，秀美雅观。根茎及叶还可入药，有强心、利尿的功效。

花烛

别名：安祖花、红掌
科属名：天南星科花烛属
学名：*Anthurium andraeanum*

形态特征

多年生草本，茎矮，高 40~50cm。叶基生，革质，长椭圆心形，端渐尖，基部钝，浓绿色。佛焰苞阔卵形，有短尖，基部阔圆形，鲜红色、红色、白色、绿白色、粉红色等，还有正面白色、背面红色和洒金等；花具蜡质层，肉穗花序黄色、鲜红色、粉红色、圆柱形，直立或弯曲。花烛品种繁多，常见品种有高山花烛（cv. Alpine）、粉冠军（cv. Pink Champion）、亚利桑那（cv. Arizona）、红星（cv. Red Stars）、皇石（cv. Kingstone）等。

适应地区

原产于南美洲的哥伦比亚，现于我国广泛栽培，热带地区可露地栽培。

生物特性

喜高温、多湿的环境，不耐寒，怕干旱和强光暴晒。对温度要求较高，生长适温为 20~30℃，冬季温度不低于 15℃。要求疏松透气、排水良好、富含腐殖质、pH 为 5.5~6.5 的酸性土壤。

繁殖栽培

常用分株、播种和组织培养繁殖。春季选择 3 片叶以上的子株，从母株上连茎带根切割下来，用水苔包扎移栽。花烛对水分比较敏感，空气湿度以 80%~90% 最为适宜。宜半阴环境。

景观特征

花、叶俱美，娇红嫩绿，鲜艳夺目，佛焰苞像一只伸展的红色手掌，光滑且富有蜡质光泽，肉穗花序酷似动物的尾巴，是热带观花植物的代表。

园林应用

园林造景中使用花烛类的植物不多，可将其布置于室内或建筑背阴面无直射光、空气湿度大的地方，也可盆栽装饰庭院、厅堂。花烛也是高档的切花材料。

花烛叶特写

花烛叶特写

花烛肉穗花序和佛焰苞 ▷

* 园林造景功能相近的植物 *

中文名	学名	形态特征	园林应用	适应地区
火鹤	*Anthurium scherzerianum*	高 20~50cm。叶从基部短茎中抽生，丛生状，卵状披针形。肉穗花序长条形弯曲	同花烛	我国热带地区可露地应用
掌叶花烛	*A. pedato-radiatum*	高 40~60cm。叶从基部短茎中抽生，丛生状，卵状长圆形，掌状裂。肉穗花序长条形弯曲	同花烛	我国热带地区可露地应用

花烛景观

栽培中的花烛

花烛景观

掌叶花烛叶特写

粉菠萝

别名：美叶光萼荷、蜻蜓凤梨、斑马凤梨
科属名：凤梨科光萼荷属
学名：*Aechmea fasciata*

形态特征

附生草本，高可达 60cm。茎极短，有萌芽株。叶莲座状基生，基部交叠卷成筒状；叶片宽带状，两面具白粉，有银白色横纹，边缘有细锯齿。花葶从叶丛中抽出，具粉红色苞片，上有红、蓝两色小花。变种为斑叶粉菠萝（var. *variegata*）。

粉菠萝景观

适应地区

原产于巴西，现我国广泛栽培。

生物特性

喜湿热，不耐寒，15℃以下生长停止，4℃以下叶片易受寒害。喜散射光，需遮阴，稍耐日晒，稍耐旱。要求疏松、纤维质丰富、肥沃的土壤，叶筒内可贮水。

繁殖栽培

分株繁殖，在生长季进行，植株开花后当基部长出的萌芽株长至 4~6 片叶时，将其切离另栽即可。也可扦插繁殖，当温度稳定在 20℃以上时，将基部老熟叶片连同茎芽切下，剪去叶片一半，带踵插入沙床，约 1 个月可生根发芽。生长阶段应遮阴 50%~75%，过阴易引起叶片徒长。长至 12 片叶以上，只要温度在 20~30℃，可用 200~300ppm 的乙烯利溶液催花。夏季可在叶筒中注水保持湿润，冬季要清除叶内积水，可稍干。

＊园林造景功能相近的植物＊

中文名	学名	形态特征	园林应用	适应地区
水塔花	*Billbergia pyramidalis*	叶片肥厚，宽大，叶缘有棕色小锯齿。穗状花序，花冠鲜红色	同粉菠萝	同粉菠萝
光萼荷	*Aechmea chantinii*	近似粉菠萝，叶较窄长。花序疏松，侧生小花序远离，扁平	同粉菠萝	同粉菠萝
虎纹凤梨	*Vriesea splendens*	近似粉菠萝，叶较窄长，无白粉，具横斑纹。花序长，扁平，剑形	同粉菠萝	同粉菠萝
彩叶凤梨	*Neoregelia carolinae*	叶长条形，中心密集排列形成管状，心叶具色彩，美丽	同粉菠萝	同粉菠萝
端红唇凤梨	*N. spectabilis*	叶长条形，中心密集排列形成管状，叶片顶端为红色，美丽而奇特	同粉菠萝	同粉菠萝

水塔花花序 ▷

水塔花景观

三色彩叶凤梨（cv. tricolor）和‘宝娜’（cv. Paula）景观

景观特征

株形奇特，刚劲沉稳，花期持久耐赏。

园林应用

华南地区可作花坛边缘或林地片植，或配置于山石旁、窗前、角隅，北方地区盆栽作室内观赏。

端红唇凤梨景观

虎纹凤梨景观

艳凤梨

别名：菠萝
科属名：凤梨科凤梨属
学名：*Ananas comosus*

形态特征

多年生地生性草本，高可达120cm。叶莲座状着生，叶片长60~90cm，厚而硬，两侧近叶缘处有米黄色纵向条纹。花葶生于叶丛中，呈稠密球状花序，小花紫红色，结果后顶部冠有叶丛。植株粗犷，富有野趣，果形如菠萝，经久耐赏，誉为菠萝花。品种有金边艳凤梨（cv. Striatus）。

艳凤梨景

适应地区

原产于南美热带，现于我国热带地区广泛栽培。

生物特性

起源于热带，喜热，不耐寒，15℃以下停止生长，5℃以下易受寒害。喜散射光或半遮阴的环境，也稍耐日晒。喜湿润，稍耐旱。要求疏松、肥沃的土壤。

繁殖栽培

分株或扦插繁殖。分株繁殖宜在生长季进行，将6~8片叶的萌芽株从母株上切下另栽即可。扦插繁殖，常用叶片带踵扦插，将叶片连同休眠芽带踵切下，剪去上部一半叶片，插于沙床或沙盆中，约1个月可生根发芽，宜在春、夏间进行。生长季节应保持土壤湿润，勿干旱。追肥用复合肥比较好，氮肥过多容易引起徒长，生长季节每月施肥1~2次；抽花前施磷酸二氢钾一次，开花更美。生长阶段应遮阴50%，但不宜过阴。定期于叶面喷施含镁的叶面肥可使叶色更亮丽。

景观特征

植株飘逸，适应性强，叶、果兼美，可常年观赏。

园林应用

华南地区可于花坛边缘或林地片植，或配置于山石旁、窗前、角隅，北方盆栽作室内观赏。

*** 园林造景功能相近的植物 ***

中文名	学名	形态特征	园林应用	适应地区
丽穗凤梨	*Vriesea poelmanii*	叶长条形，披散，中斑品种叶片沿中脉具宽的白色条纹。花序长而剑形	同艳凤梨	同艳凤梨
三色苞叶凤梨	*Ananas bracteathus* var. *striatus*	同艳凤梨，叶色更加鲜艳	同艳凤梨	同艳凤梨
矮小凤梨	*A. nanus*	植株小型，叶片狭长，顶端长尾尖	同艳凤梨	同艳凤梨

艳凤梨的果序 ▷

金边艳凤梨景观

艳凤梨品种叶特写

三色苞叶凤梨株形

中斑丽穗凤梨（cv. White Line）

金边艳凤梨景观

红花蕉

别名：红蕉、炬芭蕉
科属名：芭蕉科红蕉属
学名：*Musa uranoscopus (M. coccinea)*

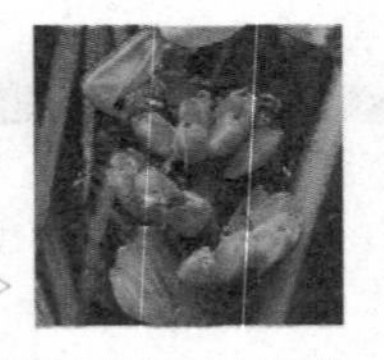
红花蕉花、果特写

形态特征

常绿大型多年生草本，高 1~2m。叶斜举，叶片长圆形，长 55~100cm，宽 15~25cm，叶面深绿色，背面浅绿色，顶端圆形，基部不相等；叶柄长 30~40cm，具槽。椭圆形的穗状花序直立，长 30cm，宽 13cm，从假茎的顶部抽出；苞片外面鲜红色，内面粉红色，从基部到顶部逐渐由大变小，由数十片披针形状的红苞片组合而成，每一苞片内有淡黄色的小花数朵。花期 5~10 月，花后结浆果，果内种子极多。

适应地区

广泛应用于我国广东、广西、福建、海南、云南、台湾等地。

生物特性

喜温暖、湿润、半阴蔽的气候环境，不耐寒，生长期需要较高的温度，低于 4℃会受冻害。

红花蕉株形

红花蕉景

南方温暖地区可露地栽培，北方地区可采用日光温室栽培。喜疏松、肥沃、富含有机质的酸性土，pH 值以 5.0~7.0 为宜。

繁殖栽培

分株繁殖，一般 2~3 年分株一次，最适宜时间为 3~9 月，母株基部分蘖出幼株，将 1 m 以下粗壮的小植株连根带土挖起，几株成丛种植。生长迅速，不耐干燥，生长期必须有充足的水分供应。需要充足肥料，生长期每月追肥一次。叶片多，开花也旺，应随时剪去老叶、黄叶，花后剪去残叶。

景观特征

植株似芭蕉，株形潇洒，花序硕大，苞片鲜红艳丽，开花持久，从花序红色苞片出现直到枯干，能保持数月之久。

园林应用

华南气候温暖地区可种植于庭院墙角、窗前、假山、亭口或池边等，极富南方特色，也可盆栽观赏。其鲜艳挺拔的红色直立花序还是极好的插花材料，可作切花观赏。

吊兰

别名：挂兰
科属名：百合科吊兰属
学名：*Chlorophytum comosum*

安曼吊兰叶特写 ▷

形态特征

多年生常绿草本。根茎短，肉质，横走或斜生、丛生。自株丛基部可抽生出很长的匍匐枝，绿色而光滑，长 30~80cm，枝上有节，先端节部能长出小叶丛。叶从地面簇生而出，狭条带形至线状披针形，叶肉纸质，绿色，略有光泽。花葶自叶腋间抽生而出，长 30~60cm，常长成匍匐枝状，先端长出小叶丛，小花数朵簇生于花葶节部，排列疏散。花期 3~6 月。品种有银边吊兰（cv. Variegatum），叶边缘白色；斑叶吊兰（cv. Vittatum），叶中间白色，边缘绿色；金边吊兰（cv. Marginate），叶边缘黄色；金心吊兰（cv. Medio-pictum），叶中间黄色，边缘绿色。

吊兰景观

适应地区

广泛应用于我国南北地区。

生物特性

喜温暖、湿润和半阴的环境，在 20~24℃的气温下生长最快，也容易抽生匍匐枝，30℃以上生长停止，叶片常常发黄、干尖。耐阴力强，怕阳光暴晒，在疏阴下生长良好，空气干燥会导致叶片失色，叶尖干枯。要求疏松、肥沃而又保水透气的酸性腐殖土。不耐盐碱和干旱，怕水渍。

繁殖栽培

常用分株繁殖，春季可剪取匍匐枝或花葶上的小叶丛，连同一段匍匐枝和节下的气生根一起栽种，即可长成一棵独立的植株，极易成活。也可用播种繁殖，发芽适温为 20~25℃，播后 15~20 天发芽。在生育期内，每月施 2~3 次稀薄液肥。表土一干就要充分浇水，夏季需每天浇水，冬季 4~5 天浇水一次，浇水不能过度，否则易烂根。需经常除掉枯叶。对匍匐枝伸长的种类，如枝伸得过长，则需在不破坏植株的情况下，把子株剪些下来，可利用剪下的匍匐枝进行繁殖。

景观特征

叶形美丽清秀，花葶低垂，姿态优美，给人轻盈飘逸之感。

园林应用

吊兰盆栽适用于居室、阳台和窗台点缀，常作吊盆观赏。在宾馆、公共场所可镶嵌在路边、石缝中，别具特色。如栽植于山石盆景的奇特树桩上，亦非常动人。

✽ 园林造景功能相近的植物 ✽

中文名	学名	形态特征	园林应用	适应地区
宽叶吊兰	*Chlorophytum capense*	叶片长而宽大，淡绿色	同吊兰	同吊兰
白纹草	*C. bichetii*	地下具椭圆形块根。叶纸质，边缘白色，中间绿色	同吊兰	同吊兰
安曼吊兰	*C. amaniense*	叶片卵状披针形，具长尾；叶柄橙黄色	同吊兰	适应热带地区

斑叶吊兰景观

斑叶吊兰景观

斑叶吊兰景观

斑叶吊兰景观

斑叶吊兰景观

安曼吊兰景观

山菅兰

别名：桔梗兰、竹叶兰
科属名：百合科山菅兰属
学名：*Dianella ensifolia*

形态特征

多年生草本。根状茎圆柱状，横走，茎粗壮。叶狭条形，2 列，基生叶长 30~60cm，宽 1~2.6cm，基部收梗成鞘。顶生圆锥花序，长 10~40cm，分枝疏散；花梗常弯曲，有关节；苞片很小；花被片 6 片，绿白色，淡黄色至青紫色；雄蕊 6 枚，花药条形，花丝上端弯曲。浆果近球形，深蓝色，直径约 6mm。具种子 5~6 颗。花期春至秋季。品种有银边山菅兰（cv. Silvery Stripe），叶具白色边；金道山菅兰（cv.Yellow Stripe），叶面具金黄色条纹。

山菅兰景观

适应地区

分布于我国广东、广西、云南、贵州、江西、福建、台湾、浙江。生于山地、草坡和灌木林内。

生物特性

喜半阴或光线充足的环境，喜高温、多湿，越冬温度在 5℃以上，也能耐旱，对土壤条件要求不严。

金道山菅兰

繁殖栽培

以分株繁殖为主，热带地区全年可进行，北方以春季为好。也可采用播种繁殖，一般在春天进行。株丛在秋、冬季节出现老叶枯枝，在春季新芽萌发前应及时修剪，生长旺盛季节加强肥水管理。

景观特征

叶子与报岁兰酷似，而它的花形、花色又像桔梗，故又名桔梗兰。其花朵娇柔，紫蓝色的小花极为淡雅美丽。

园林应用

在园林中常应用于林下、林缘环境，作条带式种植、镶边或附石配置，作地被种植也可。盆栽用于室内、庭院装饰。

山菅兰花序 ▷

银边山菅兰花、果

银边山菅兰景观

银边山菅兰石阶边造景

银边山菅兰景观

天门冬

别名：天冬草、玉竹
科属名：百合科天门冬属
学名：*Asparagus cochinchinensis*

形态特征

多年生常绿草本。半蔓性，植株丛生状，地下有肥大块茎；茎直立或悬垂，长30~100cm，柔软下垂，多分枝；小枝呈十字对生，黄绿色有光泽。叶退化为细小鳞片状或刺状。花小，白色或淡红色，有香气，通常2朵簇生于叶腋，雌雄异株，夏季开放。花后结小豆般的浆果，鲜红色，状如珊瑚珠。

适应地区

多应用于热带及温带地区。

生物特性

喜温暖、湿润和半阴的环境，较耐旱，耐寒力较强。生长适温为15~25℃，越冬温度为5℃。对土壤要求不严格，喜排水良好、富含腐殖质的砂质壤土。

繁殖栽培

春季2~3月播种于疏松的土壤中，在温度为20~30℃时，3~4周即可发芽。分株一般于春季用利刀将生长茂密株丛分割开，3~5芽为1丛分别栽植。生长旺盛期每月追施液肥1~2次。生长季要给予充足的水分。天气炎热时，还需经常向叶面及植株周围喷水。

景观特征

生长茂密，茎枝呈丛生下垂，株形美观，枝叶纤细嫩绿，悬垂自然洒脱，是广为栽培的观叶植物。

园林应用

是布置会场、花坛边缘的镶边材料，也是切花瓶插的理想陪衬材料。

天门冬与其他植物一起营造花境、花坛景观

天门冬与其他植物一起营造花境、花坛景观

石刁柏果枝 ▷

✲ 园林造景功能相近的植物 ✲

中文名	学名	形态特征	园林应用	适应地区
蓬莱松	*Asparagus myriocladus*	常绿灌木。茎直立丛生，多分枝	同天门冬	同天门冬
文竹	*A. setaceus*	常绿蔓性亚灌木状多年生草本，枝条排列于同一平面	同天门冬	同天门冬
武竹	*A. densiflorus*	丛生状，直立或下垂，长约 1.5cm	同天门冬	同天门冬
石刁柏	*A. officinalis*	叶状枝细长，上指	同天门冬	同天门冬

天门冬与其他植物一起营造花境、花坛景观

武竹果枝

武竹景观

蓬莱松景观

蓬莱松景观

蜘蛛抱蛋

别名：一叶兰、箬兰
科属名：百合科蜘蛛抱蛋属
学名：*Aspidistra elatior*

形态特征

多年生常绿草本。匍匐根状茎粗壮，有密节。叶单生，相距1~3.5cm，叶披针形或椭圆状披针形，有时具黄白色斑点，长20~35cm，宽4~8cm，先端渐尖，基部楔形，疏生细齿；叶柄长10~35cm。花序梗单生，花长0.5~5cm，具4~6片苞片；花单生，花被钟状，长1~1.5cm，径0.9~1.5cm，外侧紫色，内侧紫褐色6~8裂；裂片三角状披针形，紫红色，长3~6mm：花被筒长7~9cm，雄蕊8枚，花丝短；雌蕊长约4mm，子房几乎不膨大。浆果近球形，长1~3cm，具瘤状凸起。花期3~5月，果期6月。为著名的观叶植物，根据叶色不同而培育出许多品种，有叶片上洒许多金黄色斑点的星点蜘蛛抱蛋（cv. Punctata），有叶片中嵌有黄色条纹的白纹蜘蛛抱蛋（cv. Veriegata）等。

蜘蛛抱蛋叶特写

星点蜘蛛抱蛋叶特写

适应地区

原产于我国南方，亚洲热带、亚热带地区和欧美等地的一些国家也有栽培。

生物特性

喜阴蔽的环境，对光线、土壤和温度要求较高。喜温暖至高温气候，生长适温为15~30℃。较耐寒，喜潮湿、耐阴的环境。多野生于树林边缘或溪流、水沟、岩石旁。多栽于庭院阴蔽地上，以富含腐殖质的砂质壤土为佳。

繁殖栽培

分株繁殖，春季至秋季为最适时期。成株丛生状，可剪切连有叶片的根茎栽植。剪切时最好有3片叶片以上相连，剪切后若叶片很大，应剪一半大小，栽植后才能提高成活率。栽培于肥沃、腐殖质层厚、土壤结构疏松、排水良好的土质。栽培处宜半阴，日照40%~60%，忌强烈日光照射。每1~2个月施肥一次。栽培多年后若生长太拥挤，春季应强制分株另植。冬季要温暖避风，空气干燥或强风吹袭叶尖易焦枯。栽培初期应除杂草，成丛后防病虫害。斑叶品种光照要强些，宜60%~70%，施肥不宜太多，否则斑纹易退。

白纹蜘蛛抱蛋叶特写

蜘蛛抱蛋景观

蜘蛛抱蛋景观

蜘蛛抱蛋景观

景观特征

形态独特，叶四季常青，形色各异，或成片皆绿、娇翠欲滴，或洒金叶上，点点星光，或黄绿相间如金带、玉带镶于绿叶中，美不胜收。蜘蛛抱蛋叶丛密集，单丛造景或条带布置均宜。

园林应用

生性强健，叶片四季翠绿，而且耐阴，无论单独成景还是映衬配置都有独到之美。管理容易，适合做花带、花境以及树下植被，可盆栽、缘栽或庭园阴蔽地丛植美化，叶片是高级插花材料。

鹿蹄橐吾

别名：滇紫菀
科属名：菊科橐吾属
学名：*Ligularia hodgsonii*

形态特征

多年生草本。根肉质，多数。上部及花序被白色蛛丝状柔毛和黄褐色有节短柔毛，下部光滑，具棱，基部直径 3~5mm。丛生叶及茎下部叶具柄，柄细瘦，长10~30cm，基部具窄鞘；叶片肾形或心状肾形，长 5~8cm，宽 4.5~13.5cm，先端圆形，边缘具三角状齿或圆齿，叶质厚，两面光滑，叶脉掌状，网脉明显；茎中上部叶少。头状花序辐射状，单生至多数，排列成伞房状或复伞房状花序，分枝长 6~12cm，丛生或紧缩；苞片舟形，总苞宽钟形，长大于宽；舌状花黄色，舌片长圆形，先端钝，有小齿；管状花多数，伸出总苞之外，冠毛红褐色。瘦果圆柱形，光滑，具肋。花期 7~10 月。有四川变种（var. *sutchuenensis*），头状花序被白色绵毛。

鹿蹄橐吾景观

适应地区

原产于云南东部、四川北部至东北部、湖北西部、贵州西北部、广西西部、甘肃西南部和陕西南部。常生于山坡、溪岸、大树旁。

生物特性

生性较强健。较耐干旱，喜半阴、稍湿润的环境。光照太强，易受损伤。土壤长期过湿，根部容易腐烂，下部叶片会变黄脱落。耐寒，最适生育温度为 15~25℃。对土壤要求不严，一般土壤就能生长，以富含腐殖质的壤土及砂质壤土中生长较好。

繁殖栽培

主要用播种繁殖。春至秋季是适宜期，可于 4 月条播，18~20 天出苗。也可扦插繁殖和分株繁殖，扦插繁殖成活率较低。管理养护较容易，幼苗期间注意间苗、除杂草。成长及开花期间，每 30~40 天追肥一次，磷肥、钾肥比例应稍高。多雨季节注意排水，夏季忌强烈阳光直射，要遮阴。冬季休眠，需减少或停止灌水、施肥，待春季萌发新叶后再加以管理。病虫害稍加注意管理即可。

景观特征

鹿蹄橐吾是一种不怎么引人注目的菊科观叶、观花植物，叶色虽绿，却略带灰色，花黄色，且数量较多，散漫地着生在花序上，具有潇洒自如、我行我素、自由奔放的性格。

园林应用

这是一种很好的阴地地被观赏植物，最适合用来布置岩石园，在石缝之间单植，在石山或石景之间的空地条植或片植，都非常和谐。另外，也可在林下阴坡或平地片植、条植，是布置空地保持水土的极好材料。

鹿蹄橐吾叶特写 ▷

鹿蹄橐吾景观

鹿蹄橐吾景观

鹿蹄橐吾景观

虎尾兰

别名：虎皮兰、虎尾掌
科属名：龙舌兰科虎尾兰属
学名：*Sansevieria trifasciata*

形态特征

多年生肉质草本。地下具有短粗的横生匍匐茎，褐色，半木质化，分枝力强。叶片由匍匐茎顶式抽生，叶肉质，基部卷成筒状，直立生长，呈长剑形，先端尖，叶色深绿至暗绿色，表面有很厚的蜡质层。花葶自叶丛中抽生，细弱，低于叶丛；顶生总状花序，小花细碎，淡黄色，多不结实。花期春、夏季。品种有金边虎尾兰（cv. Lanrentii）、金边短叶虎尾兰（cv. Golden）、银边短叶虎尾兰（cv. Silver）。

金边虎尾兰叶特写

适应地区

原产于干旱的非洲及亚洲南部，现广泛栽培。

生物特性

较耐寒，冬季室温只要不低于 8℃仍能缓慢生长，低于 3℃则叶片受冻害。怕暑热，生长适温为 20~28℃，耐阴性极强，可常年在阴蔽处生长，怕阳光曝晒。怕水涝，耐瘠薄和干旱，长时间干旱虽不会枯死，但叶片会

金边虎尾兰景观

金边短叶虎尾兰叶特写 ▷

变薄、变瘦并失去光泽。对土壤要求不严，喜疏松的沙土和腐殖土。

繁殖栽培

分株繁殖时顺自然分节处把根茎切开，分开种植，即使没有须根也可成活。扦插繁殖，可将成熟的叶片自基部剪下，按 6~8cm 一段截开，插入干净河沙中，入土深度 3cm 左右，插后放在疏阴环境下。室内陈设时应放在阴棚下，曝晒后叶片就会出现黄斑。春、秋两季追施一些液肥，以促使匍匐茎延伸，多生分枝而抽生更多的叶簇。金边虎尾兰不宜用叶扦插法繁殖，因扦插后长出的新叶没有金边而变成普通的虎尾兰。

景观特征

叶片耸直如剑，叶面斑纹如虎尾，姿态刚毅，奇特有趣。春、夏季开花，由白色小花组成的柱状花茎清香扑鼻，是一种栽培比较普遍的多浆植物。

园林应用

品种较多，株形和叶色变化较大，精美别致。它对环境的适应能力强，坚忍不拔，栽培利用广泛，盆栽适合布置书房、客厅、办公场所，可较长时间欣赏。园林中常群植或丛植造景，一般配置于林下、建筑背阴处。

金边虎尾兰景观

金边短叶虎尾兰景观

＊园林造景功能相近的植物＊

中文名	学名	形态特征	园林应用	适应地区
圆柱虎尾兰	*Sansevieria cylindrica*	叶 3~4 片丛生，圆筒形或稍扁平，长可达 150cm，暗绿色有纵斑及横纹	同虎尾兰	同虎尾兰
千岁兰	*S. nilotica*	叶片内曲，下部有深沟，斑纹淡绿或深绿，有不规则横纹	同虎尾兰	同虎尾兰
虎耳兰麻	*S. zeylanica*	叶 5~10 片一丛，线形至半圆柱形，暗绿色，背面有浅绿色横纹及暗绿色纵纹	同虎尾兰	同虎尾兰

大鹤望兰

别名：大花天堂鸟
科属名：旅人蕉科鹤望兰属
学名：*Strelitzia nicolai*

形态特征

多年生草本或木本状。茎高达 8m，肉质根粗壮。叶大，对生，两侧排列，有长柄 1.5~1.8m，叶片长圆形，长 90~120cm，宽 45~60cm，基部不对称。花茎顶生或生于叶腋；花形奇特，佛焰苞状，总苞白色或紫色，长 30~40cm。花期春季。

大鹤望兰花池造景

适应地区

原产于南非。我国热带地区有栽培。

生物特性

喜光，耐半阴，喜温暖、湿润的气候，不耐寒。苗期耐阴，夏季忌烈日直射，以免灼伤叶片，冬季需充足的阳光。气温 16℃时生长停滞，适宜温度为 20~28℃。

繁殖栽培

播种繁殖和分株繁殖。播种繁殖，种子成熟后要及时采收，及时播种，发芽适温为 25~

大鹤望兰景观

大鹤望兰花序 ▷

30℃，播后 15~20 天发芽。分株繁殖，应在温暖季节进行，将分枝从基部分离种植即可。夏季生长期和秋冬开花期需充足的水分，开花后适当减少浇水量。栽培前先施有机肥，生长期每半月施肥一次，新叶长出后也要注意施肥，花茎形成后至开花期，施两次复合肥。

大鹤望兰植株

景观特征

叶大姿美，花色奇特，花期长，四季常青，观赏效果好，富有热带气息。

园林应用

适用于家庭、宾馆、办公室和会议厅摆设，可点缀于花坛中心，丛植于院落。

大鹤望兰景观

大鹤望兰景观

鹤望兰

别名：天堂鸟、极乐鸟
科属名：旅人蕉科鹤望兰属
学名：*Strelitzia reginae*

形态特征

多年生草本，木本状，高 1~2m。肉质根粗壮，茎较短、不明显。叶基生，2 列对生，长椭圆状披针形，长 40cm，宽 15cm，顶端锐尖，基部圆润；叶柄长而直立，正面有沟。单花顶生或腋生，佛焰苞近水平横生，基部及上部边缘紫色，花萼橙红色，花瓣亮蓝色。在北方春、夏季开花，在江南秋、冬季开花，花期长达 50~60 天。有多个栽培品种和相近品种。

适应地区

原产于南非及拉丁美洲，现世界热带地区广泛栽培。

生物特性

喜温暖、湿润气候，怕霜雪。喜光，但忌强光，光线弱时生长纤细，出芽少，开花不正常或不开花。生长适温为 18~24℃，冬季室内温度不宜低于 5℃。土壤要求疏松、肥沃。

繁殖栽培

繁殖多采用分株繁殖，也可播种繁殖。播种繁殖，种子成熟后要及时采收，及时播种。发芽适温为 25~30℃，播后 15~20 天发芽，发芽率较低，播后 3~5 年，具有 9~10 片叶片时开花。分株通常在早春进行，栽植不宜过深，以免影响新芽萌发。夏季生长期和秋、冬季开花期，需要充足水分，开花后可适当减少浇水量。生长期每半月施一次腐熟饼肥，当形成花茎至盛花期时，每月施用 2~3 次过磷酸钙。

景观特征

叶大姿美，花形奇特而美丽，犹如仙鹤昂首翘望，花期长，每朵花能连续开放 40 天。

园林应用

适用于家庭、宾馆、办公室和会议厅摆设，可点缀花坛中心、丛植于院落，也是高级的切花材料。

鹤望兰道路绿化

鹤望兰景

鹤望兰植株特写 ▷

鹤望兰景观

鹤望兰景观

鹤望兰景观

黄鸟赫蕉

别名：蝎尾蕉
科属名：旅人蕉科蝎尾蕉属
学名：*Heliconia psittacorum*

形态特征

多年生常绿草本，高 1~3m。茎地下横生，地上部由包旋的叶鞘形成假茎丛生，叶与苞同呈 2 列。叶形似美人蕉，长圆形，革质，长 50~60cm，宽 10~15cm；叶具柄，柄长短不一，有些近无柄。花序直立或下垂，从株顶抽出；花两性，左右对称，数至多朵于苞片内排成蝎尾状聚伞花序；苞片常多数，2 列于花序轴上，宿存；花被片部分连合呈管状，顶部具 5 裂片；发育雄蕊 5 枚，退化雄蕊 1 枚，花瓣状；子房下位，3 室，胚珠在每室的基底单生。蒴果天蓝色，裂成 3 个分果。种子近三棱形，无假种皮。品种有彩虹赫蕉（cv. Rhizomatosa）、红鸟蕉（cv. Rubra）。

黄鸟赫蕉景

黄鸟赫蕉景观

适应地区

原产于太平洋诸岛。

生物特性

喜温暖、湿润和充足阳光的环境，也耐半阴和干旱。以肥沃的壤土为好，冬季温度不宜低于 10℃。

繁殖栽培

主要用分株和播种繁殖。分株在早春进行，将叶片密集的植株切开分栽，注意切口不能太大，一般 2~3 年分株一次。播种繁殖，以 5~9 月最好，播后 25~30 天发芽，实生苗需培育 4~5 年才能开花。生长期需保持土壤湿润，夏季可在叶面喷水，并适当遮阴。盛夏生长过程中每半月施肥一次，冬、春季花期增施 1~2 次磷钾肥。花后将花枝剪除，养护过程中不能损伤新芽和叶片。

景观特征

绿叶红花，造型优美，花色艳丽，为中型观赏植物。

园林应用

由于其鲜艳的色彩和新奇独特的造型，用于配置庭园，具有热带风情，在热带地区的应用较为广泛，是道路、公园、庭院的高档绿化材料。同时，由于其花色艳丽、保存时间长，又是不可多得的高档切花材料。

黄鸟赫蕉花叶特写 ▷

*** 园林造景功能相近的植物 ***

中文名	学名	形态特征	园林应用	适应地区
黄丽鸟蕉	*Heliconia subulata*	株形和叶形近于黄鸟赫蕉，高 1~2m。叶长椭圆形，具长柄	同黄鸟赫蕉	同黄鸟赫蕉
粉鸟赫蕉	*H. platystachys*	植株较大。花序下垂，粉红色	同黄鸟赫蕉	同黄鸟赫蕉

彩虹赫蕉花叶特写

粉鸟赫蕉植株

黄丽鸟蕉花特写

红鸟蕉景观

黄丽鸟蕉景观

红鸟蕉景观

黄丽鸟蕉景观

东方铁筷子

别名：东方嚏根草、东方菟葵
科属名：毛茛科铁筷子属
学名：*Helleborus orientalis*

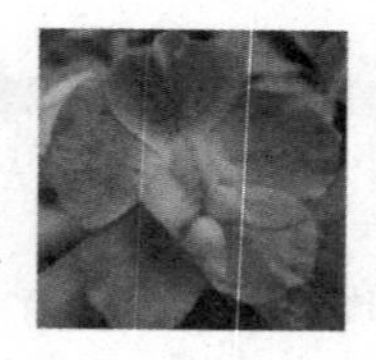
东方铁筷子花、果▷特写

形态特征

多年生草本。有根状茎。叶为单叶，鸡足状全裂。萼片 5 枚，花瓣状，白色、粉红色或绿色，常宿存；花瓣小，筒状或杯形，有短柄，顶端些许唇形；雄蕊多数，花药椭圆形，花丝狭线形，有 1 条脉；心皮 3~4 枚，有多数胚珠。果革质，有宿存花柱。种子椭球形。

东方铁筷子花、叶特写

适应地区

分布于亚洲西部，一般生于海拔 1100~3500m 的山地林中或灌丛中。

生物特性

生性强健。喜温暖的环境，不耐高温，稍耐寒，过于寒冷会造成伤害，生长适温为 15~26℃。喜半阴环境，强光直射则生长发育不良。喜湿润的环境，干燥条件下则易萎蔫。喜湿润、肥沃、疏松的壤土。

东方铁筷子景观

繁殖栽培

用分株繁殖和播种繁殖。分株繁殖可于春末或秋季进行，播种繁殖可于秋季进行，注意保持土壤湿度。每隔 1 个月施肥一次，有机肥或氮、磷、钾肥均可。夏季高温需放于遮阴和通风良好的地方，冬季在温度较低的地区，需进行防护或放置室内越冬。

景观特征

株形优美，叶鸡足状，花的颜色繁多，从白色、淡黄色、浅绿色到蓝紫色、深红色都有，因其花期长（从早春到初冬皆可开花），已成为比较受人喜爱的庭院花卉。单株种植或群植观赏价值均高。

园林应用

适宜于公园、游园的花坛或花境中种植，或于林木园的林下片植或点缀种植以及灌木丛前规则栽植，也可在校园、池塘边、岩石园等处进行适当的配植。用于盆栽也不错，点缀家居和办公场合，供冬季室内观赏。

*** 园林造景功能相近的植物 ***

中文名	学名	形态特征	园林应用	适应地区
铁筷子	*Helleborus thibetanus*	多年生草本，密生肉质长须根。基生叶肾形，茎生叶近无柄。花瓣淡黄绿色。种子椭圆形	同东方铁筷子	同东方铁筷子

秋海棠类

科属名：秋海棠科秋海棠属
学名：*Begonia* spp.

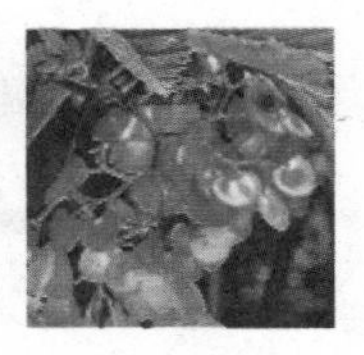
竹节秋海棠花序 ▷

形态特征

多年生草本，高 20~70cm。茎叶多汁，叶柄长，叶卵圆形至卵状披针形，基部圆形至心形，不对称，叶色绿色至红色，或有斑纹。花序为伞状圆锥花序，单性，单瓣或重瓣，子房下位，果有翅。常见的秋海棠类植物有银星秋海棠（*B. argenteoguttata*）、竹节秋海棠（*B. maculata*）、大红秋海棠（*B. coccinea*），上述 3 种个体较大；个体较小的有丽格秋海棠（*B. elatior*）、球根秋海棠（*B. tuberhybrida*）、蟆叶秋海棠（*B. rex*）等。

竹节秋海棠景观

蟆叶秋海棠景观

适应地区

原产于我国和马来西亚，现我国广泛栽培。

生物特性

喜温暖、湿润和半阴的环境。对光线的需求较低，避免强烈日光直射。生长适温白天为 21~24℃。

大红秋海棠景观

繁殖栽培

叶扦插繁殖。5~6 月进行叶插，选择健壮成熟叶片，留叶柄 1cm 剪下，将叶片剪成直径 6~7cm 大小，插入沙床，叶柄向下，叶片一半露出基质，保持室温 20~22℃，插后 20~25 天生根。盛夏切忌强光暴晒，故应配置于阴生环境中。生长期每半月施肥一次。

景观特征

硕大的叶片色彩绚丽，是非常美丽的观叶植物。

园林应用

适合盆栽及布置庭院，也适用于宾馆、厅室、橱窗、窗台摆设点缀。

花叶冷水花

别名：白雪草、透白草
科属名：荨麻科冷水花属
学名：*Pilea notata*

形态特征

多年生草本，高30~60cm。茎多汁，淡绿色。叶交互对生，椭圆形，长3~6cm，叶面有白色的两侧对称的花纹，主脉3条，边缘有粗锯齿。花单性，雌雄同株，白色，排成腋生的近头状的伞房花序。秋季为开花期。品种有密生冷水花（cv. Nana）。

花叶冷水花景

适应地区

原产于越南，多分布于热带地区。

生物特性

喜半阴、多湿的环境，宜明亮，忌直射光。对温度适应范围广，冬季能耐4~5℃低温，14℃以上开始生长。

花叶冷水花景

繁殖栽培

常用扦插繁殖，全年均可进行。选择半成熟插条，插后20天左右生根。也可分株繁殖。夏天经常向叶面喷雾水可保持叶面清洁且具光泽。生长期要进行多次摘心，促发侧枝，使株形紧凑优美。用扦插法繁殖幼苗更新以提高观赏价值，也可减少病虫危害。

景观特征

叶片略显皱褶，叶脉青绿色，斑纹凸起，呈银白色，株丛呈披散状，枝叶小巧秀雅。

园林应用

室内装饰适宜盆栽和吊盆，南方可用做地被植物，作室外带状或片状地栽布置。

＊园林造景功能相近的植物＊

中文名	学名	形态特征	园林应用	适应地区
皱叶冷水花	*Pilea cadierei*	叶“十”字形对生，叶脉褐红色，叶面黄绿色，表面有皱纹，缘有锯齿	垂直绿化、阴生地被和庭院点缀	同花叶冷水花

花叶冷水花花序 ▷

花叶冷水花景观

皱叶冷水花叶特写

皱叶冷水花景观

肾蕨

别名：排草
科属名：肾蕨科肾蕨属
学名：*Nephrolepis auriculata*

形态特征

高 30~50cm。根状茎有直立的主轴，主轴上长出匍匐茎，匍匐茎的短枝上生小块茎，主轴和根状茎上密生钻状披针形鳞片。叶簇生，无毛，叶片狭披针形，1 回羽状，羽片无柄，基部圆形，其上方呈耳形，多达 100 对以上，覆瓦状排列。孢子囊群背生于上侧小脉顶端，囊群盖肾形。常见品种有达菲（cv. Duffii）、普卢莫萨（cv. Plumosa）。

适应地区

广泛分布于世界热带、亚热带地区，我国各地常见。

肾蕨景观

肾蕨景观

肾蕨株形 ▷

生物特性

适应能力强，喜高温、高湿的环境，有一定耐寒性。在华南地区可露地越冬，在北方冬天需移进温室养护。喜散射光，遮阴情况长势好，强光下也能生长，但叶片容易发黄。

肾蕨景观

繁殖栽培

分株繁殖为主，大批量生产可采用孢子繁殖。从母株生出的匍匐茎上的芽苞萌生新株，可进行分株繁殖；块茎埋于基质中可发芽形成新株。孢子繁殖可用盆播法、倒扣盆法。生长阶段应遮阴 50% 以上。经常剪除老化、枯黄的叶片。夏季需经常向叶面喷水，保持基质湿度。

景观特征

叶丛浓密茂盛，叶片修长，翠碧光润，是经典的优秀观赏蕨类。

园林应用

在园林中可做阴性地被植物或布置在墙角、假山和水池边。盆栽可点缀书桌、茶几、窗台和阳台，也可吊盆悬挂于客室和书房。其叶片可做切花、插花的陪衬材料。

肾蕨景观

*** 园林造景功能相近的植物 ***

中文名	学名	形态特征	园林应用	适应地区
毛叶肾蕨	*Nephrolepis hirsutula*	外形近似肾蕨，但羽片较长、较大，有毛	同肾蕨	同肾蕨
高大肾蕨	*N. exaltata*	叶丛生，巨大，1 回羽状复叶，长 40~60cm	同肾蕨	同肾蕨
长叶肾蕨	*N. biserrata*	叶下垂，长 1m 以上，宽可达 30cm .	一般为树干附生造景	南亚热带、热带地区

肾蕨景观

长叶肾蕨景观

波斯顿蕨景观

铁线蕨

别名：石中珠、猪鬃草
科属名：铁线蕨科铁线蕨属
学名：*Adiantum capillus-veneris*

铁线蕨枝叶特写

形态特征

小型植物，高15~40cm。根状茎细长，横走。叶柄栗色，具光泽；叶片卵形，常为2回羽状；小羽片2~5对，斜扇形，叶草质，翠绿，无主脉，叶脉分离二叉；有的品种叶顶端延伸成鞭，着地生根，长芽。孢子囊群3~9个，生于羽片边缘，囊群盖近圆形或肾形。

适应地区

我国各地常见。

生物特性

喜温暖，有一定的耐寒性。在南方可露地越冬。喜散射光，需遮阴，喜湿润和高的空气湿度。

繁殖栽培

分株繁殖为主，如大批量生产可采用孢子繁殖。分株繁殖在春季进行，在横走的根状茎分叉处用枝剪剪断，每个带有顶芽的分枝就能形成一个新的植株。孢子繁殖可用盆播法。置于阴湿环境，保持土壤湿润，勿干旱，保持空气湿度在75%~85%，1个月左右施稀薄液肥一次。

铁线蕨景观

景观特征

株形美观，清雅，别致，以其奇特的扇形叶、分离二叉的叶脉为特色，是较好的草本观叶植物。

园林应用

铁线蕨是附石栽培的好材料，常做岩石园、假山绿化植物，也常用于阴湿场地细部装饰植物。

铁线蕨景观

铁线蕨景观

巢蕨

别名：山苏花
科属名：铁角蕨科巢蕨属
学名：*Neottopteris nidus*

形态特征

大型附生及悬挂植物。根状茎粗短直立，叶簇生，辐射状排列，中空如鸟巢；叶柄长约5cm；叶片为阔披针形，长95~115cm，中部最宽处9~15cm，顶端渐尖，向下逐渐变狭，下延，叶边全缘；叶脉分离，边缘联结；叶厚纸质，深绿色，具光泽。孢子囊群及囊群盖线形，长3~4.5cm，由小脉基部外行达叶片边缘至中肋的1/2。品种有卷叶巢蕨（cv. Osaka），叶缘呈卷曲波状。

适应地区

我国海南岛及云南南部和台湾热带雨林中均有分布。

生物特性

喜高温、高湿的热带雨林环境，耐寒性差，冬季不低于10℃。在华南地区可露地越冬，在北方10月以后需进温室养护。喜散射光，需遮阴。

繁殖栽培

分株繁殖为主，若大批量生产可采用孢子繁殖。从母株萌生的小株分出后单独定植，以后逐渐丰满，形成新株。孢子繁殖可用盆播法、倒扣盆法。保持土壤湿润，空气湿度在75%~85%。施肥量小，1个月左右施复合肥、稀薄液肥一次。生长阶段应遮阴70%以上，阳光直射会造成叶面灼伤，形成黑色斑块。

景观特征

株形奇特，形似鸟巢，叶色葱绿，造景时可地栽，也可悬挂或附生，是营造热带气氛和热带雨林景观的好材料。

园林应用

热带园林中用于立体绿化布置，附生林地或岩石上能增添野外自然风光。北方可壁挂、悬吊观赏，布置厅堂和会场。

巢蕨景观

巢蕨吊篮景观

巢蕨株形 ▷

*** 园林造景功能相近的植物 ***

中文名	学名	形态特征	园林应用	适应地区
大鳞巢蕨	*Neottopteris antiqua*	叶形较大，叶背孢子囊群长度超过叶片宽的 1/2 以上	同巢蕨	同巢蕨
狭基巢蕨	*N. antrophyoides*	叶片较短，叶片基部突然狭缩成柄	同巢蕨	同巢蕨

巢蕨景观

巢蕨景观

第三章 球根阴地植物造景

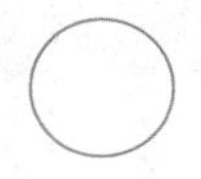

造景功能

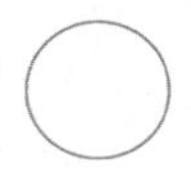

球根阴地植物由于其适应能力较强、种植养护方便，在景观营造中有日益增多的趋势，特别是南方地区立交桥下地被绿化方面应用十分广泛。球根花卉也是林地、林缘下层植物景观的重要组成部分，部分球根花卉季节性变化明显，为景观设计师提供了多样化的选择。

白芨

别名：凉姜、紫兰
科属名：兰科白芨属
学名：*Bletilla striata*

白芨花序 ▷

形态特征

多年生草本，高18~60cm。假鳞茎扁球形。叶4~6片，狭长圆形或披针形，长8~29cm，宽1.5~4cm，先端渐尖，基部收狭成鞘并抱茎。花序具3~10朵花，常不分枝；花序或多或少呈“之”字状曲折；花大，紫红色或粉红色。蒴果圆柱形。花期4~5月。

适应地区

原产于我国长江流域及西南等地，在北京和天津也有栽培。

生物特性

喜凉爽、湿润和通风透光，忌酷热、干燥和阳光直晒。要求排水良好、含腐殖质丰富的微酸性壤土。经北京植物园试验，在避风的条件下，北京可露地越冬。

繁殖栽培

以分株繁殖为主，于10~11月或早春3~4月进行，将大丛母株的球茎每2~3个芽切分，伤口处涂草木灰，以防腐烂，另行栽植即可。华东地区可露地栽培，北方盆栽宜选用砂土、腐殖质土等量的混合土，并加以蹄片等做基肥。生育期间，每半月追以液肥，保持空气湿润。

白芨林下地被

白芨株形

景观特征

为白芨属最具观赏性的植物。叶色青青，清爽怡人，花朵聚集成总状花序，花色娇艳而不失典雅，整体观感极佳，是园林应用中很受欢迎的花卉之一，更是盆栽的佳品。

园林应用

白芨株丛浅绿，叶形优美，花色艳丽，华东、华南地区可在林缘或岩石园中丛植，也可在花坛边缘或林地片植，北方盆栽作为客厅、书房、案头盆花，淡雅别致。球茎还可作药用，是药用与观赏的优良植物。

百子莲

别名：非洲百合、蓝花君子兰
科属名：石蒜科百子莲属
学名：*Agapanthus africanus*

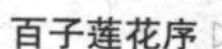

百子莲花序

形态特征

多年生草本，有鳞茎。叶线状披针形，近革质，基生于鳞茎上，左右排列，叶色浓绿。花茎直立，高可达 60cm；伞形花序，有花 10~50 朵，花漏斗状，深蓝色，花药最初为黄色，后变成黑色。花期 7~8 月。有白花、紫花、大花和斑叶等品种。

适应地区

我国各地多有栽培。

生物特性

喜温暖、湿润、半阴的环境，喜肥，喜水，但怕积水。较耐寒，越冬温度为 5℃。对土壤要求不严，但在肥沃的沙壤中生长更繁茂。

繁殖栽培

常用分株繁殖和播种繁殖。分株繁殖于春季 3~4 月结合换盆进行分株，将过密老株分开，2~3 丛为宜，分株后翌年开花，如秋季花后分株，翌年也可开花。播种繁殖于播后 15 天左右发芽，小苗生长慢，需栽培 4~5 年才开花。花后生长减慢，进入半休眠状态，应严格控制浇水，宜干不宜湿。

景观特征

叶色浓绿光亮，花蓝紫色，花形秀丽。

园林应用

适宜盆栽作室内观赏，在南方置于半阴处栽培，点缀于岩石园和花境中。

百子莲株形

百子莲景观

百子莲景观

橙红闭鞘姜

科属名：姜科闭鞘姜属

学名：*Costus cosmosus* var. *bakeri*

形态特征

多年生草本，高 1~1.5m。顶部不分枝。茎圆有节、绿色，小枝上部弯曲成半圆形。单叶，互生，螺旋状排列，长椭圆形，长 10~15cm，宽 5~6cm，顶端渐尖或尾状渐尖，基部近圆形，基部抱茎；叶鞘密而封闭。花序穗状顶生，椭圆形或长柱形，长 8~15cm；苞片卵形，长约 2cm，红色，具钝尖头；花金黄色，花大而明显；花后苞片红色。花期 7~9 月，果期 9~11 月。

橙红闭鞘姜植

适应地区

广东、福建等地有栽培。

生物特性

喜热，不耐寒，20℃以下生长缓慢，冬季温度低则停止生长。不耐强烈阳光，喜阴湿，散射光中生长良好。喜湿润、疏松、富含腐殖质的土壤。

繁殖栽培

春季分株繁殖，用刀切割根状茎，每丛具 2~3 个芽。也可用种子繁殖。保持土壤湿润和较大空气湿度，中午防强光曝晒。

景观特征

植株修长，叶形美，叶片沿着茎轴向上呈螺旋梯般生长，花色金黄娇艳。小枝上部弯曲成半圆形，十分有特色。

园林应用

宜于林下、林缘布置，在花坛边缘栽种，或庭园点缀栽培。

*** 园林造景功能相近的植物 ***

中文名	学名	形态特征	园林应用	适应地区
闭鞘姜	*Costus speciosus*	高 1~2m，顶部常分枝。茎圆，有节。单叶，互生，螺旋状排列，披针形。花白色，花大而明显	同橙红闭鞘姜	主要分布于华南地区及我国台湾云南等地
绒叶闭鞘姜	*C. malortieanus*	植株小型。叶倒卵形，先端短突尖，叶背密被茸毛。花顶生，苞片淡红色	同橙红闭鞘姜	华南热带地区

橙红闭鞘姜花序 ▷

橙红闭鞘姜景观

橙红闭鞘姜景观

橙红闭鞘姜景观

海芋

科属名：天南星科海芋属
学名：*Alocasia macrorrhiza*

形态特征

多年生湿地草本，高 2m 左右。地下肉质根茎，地上茎粗壮。叶大柄长，叶鞘宽，叶片盾状着生，聚生于茎顶端，边缘波状，主脉宽而明显，叶面深绿色。肉穗花序，佛焰苞黄绿色或带白色。假种皮红色。花、果期 6~9 月。品种有斑叶海芋（cv. Variegata），叶嵌有不规则乳白色和淡绿色斑块。

海芋景

适应地区

分布于广东、海南、广西及云南南部等地。

生物特性

夏天忌直射光照，对土壤要求不严格，pH 值为 4.5~7.5，在疏松、肥沃的土壤中生长良好。生长最适宜温度为 25~30℃，不耐寒，在长江流域以北地区要进行越冬处理。

繁殖栽培

以无性繁殖为主，常用分株或扦插的方法进行。分株繁殖，将植株茎部的萌蘖苗分切后进行繁殖。扦插繁殖，选择粗壮的茎切成段，保留 3~4 个节，长约 20cm，插入泥沙中，在 25℃左右的温度下，35 天左右即可生根。栽种后要常浇水，保持土壤湿润。生长旺盛期追肥 3~4 次。

景观特征

植株健壮，叶大色绿，为大型的观叶植物，在造景上非常有特色，热带气息浓郁。

园林应用

海芋植株叶大、翠绿、光亮、耐阴，长势强健，适宜做林下、林缘及水景岸边绿化的植物材料。在热带地区可配置在室外的林下、林缘，可单株或多株丛植，其硕大多姿的叶丛异常壮观，呈现出强烈的热带风光。

*** 园林造景功能相近的植物 ***

中文名	学名	形态特征	园林应用	适应地区
尖尾芋	*Alocasia cucullata*	高 30~80cm。茎直立，分枝多。叶心形，深绿色	植株小型，是海芋的缩小版本，其造景功能近于海芋，在小型景观中可替代海芋	在保温环境下应用
香海芋	*A. odora*	高 4~5m。叶盾状，长 1~1.2m，叶脉明显凸出；叶柄长 2m 以上。佛焰苞黄绿色，有香气	同海芋	热带地区

海芋果特写 ▷

海芋景观

海芋植株

海芋室内景观

尖尾芋景观

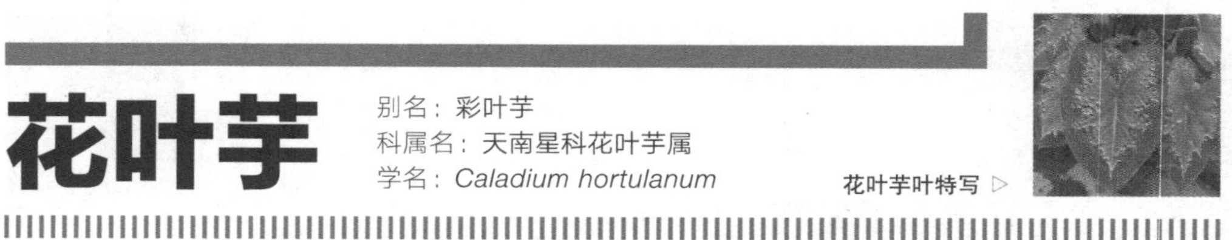

花叶芋

别名：彩叶芋
科属名：天南星科花叶芋属
学名：*Caladium hortulanum*

花叶芋叶特写 ▷

形态特征

多年生草本，高 20~40cm。地下具膨大块茎，扁球形。基生叶，叶片盾状箭形或心形，边缘全缘，基部圆形，顶部绿色，具白、粉、深红等色斑。佛焰苞绿、白、紫色相间，肉穗花序黄色。花叶芋的园艺品种很多，按叶脉颜色可分为绿脉、白脉、红脉三大类。绿脉类有白鹭（cv. White Candium）、白雪（cv. Candium）、洛德德比（cv. Lord Derby）等。白脉类有穆菲特小姐（cv. Miss Muffet）、主题（cv. The Thing）、荣誉（cv. Citation）等。红脉类有雪后（cv. White Queen）、冠石（cv. Keystone）、阿塔拉（cv. Attala）、红艳（cv. Postman Joyner）等。

白雪花叶芋特写

白雪花叶芋景观

红艳花叶芋景

适应地区

热带、亚热带地区广泛栽培应用。

生物特性

喜高温、高湿和半阴的环境，但忌强光直射，忌积水，不耐寒。喜排水良好的疏松土壤。

繁殖栽培

常用分株繁殖。5 月在块茎萌芽前，将块茎周围的小块茎剥下，晾干伤口栽种。对光线的反应比较敏感，烈日暴晒叶片易灼伤，观赏性差。盛夏季节，要保持较高的空气湿度，每天喷水，每半月施肥一次。

景观特征

夏秋之季色彩斑斓，构成一幅天然图案，颇为美观，是观叶植物中的名品。

园林应用

作室内盆栽，配置于案头、窗台，极为雅致。在热带地区可作室外栽培观赏，点缀于花坛、花境中。

巴西鸢尾

别名：美丽鸢尾、鸢尾兰、蓝蝴蝶、马蝶花
科属名：鸢尾科新泽仙属
学名：*Neomarica gracilis*

巴西鸢尾的花序

形态特征

多年生常绿草本，高 30~40cm。具短的根状茎。叶基生，叶基扁平，自短茎抽出，叶呈带状剑形，光滑，质薄软。花葶自叶腋抽出，扁平似叶，长达 60cm 或更长，抽出后即下弯，开花时垂吊，先端开花 1~2 朵及 2 套摺叶丛，花后顶端生不定根成新株。花期 4~5 月，花期较短，只有 50 个小时左右的寿命。

巴西鸢尾悬挂种植

适应地区

我国广泛栽培。

生物特性

喜高温、多湿，耐旱，并有一定的耐寒能力。生育适温为 20~28℃，冬季要温暖、避风，10 ℃以下需防寒害。喜光，不耐强光直射，但耐阴，全日照、半日照均能成长，但以半阴处日照 60%~70% 为理想。

繁殖栽培

分株繁殖，宜在春、秋两季进行。属于非常易栽培的植物，可把子株剪下另行种植即可。春、秋季按月施用液肥。

景观特征

全年叶色葱绿，株形丰满，花姿别致，花、叶皆美。花后花葶顶端所生新苗能继续长大，形似飞燕，十分奇特而有观赏性。性耐阴，良好的室内景观植物。

园林应用

园林中可在阴湿的环境里孤植，形成大型株丛，也可在林地、林缘片植形成地被，花、叶共赏。盆栽可在室内布置。

巴西鸢尾开花景观局部

巴西鸢尾景观

蜘蛛兰

别名：水鬼蕉、蟹蟹花
科属名：石蒜科水鬼蕉属
学名：*Hymenocallis littoralis*

形态特征

多年生草本，具鳞茎。叶基生，带形，长60~80cm，先端急尖，深绿色具有光泽。伞形花序，3~8朵小花着生于粗壮花葶顶部，花白色；花径可达20cm，花被筒长裂，裂片上部呈线形或披针形，下部联合成杯状或漏斗状。花期为夏、秋季。具花叶品种。

蜘蛛兰景观

适应地区

我国长江以南地区广泛栽培。

蜘蛛兰景观

生物特性

喜温暖、潮湿气候，夏季须置于半阴处，冬季在温暖地区稍加养护即可。北方多做盆栽，越冬温度为15℃。

繁殖栽培

主要进行分株繁殖，每年3月将母株取出，把侧旁的子株切下分栽。也可播种繁殖。室外栽植以3~5月为宜，必须在霜后进行。夏季强光时须放半阴处。

景观特征

叶姿健美，花期夏季，花白色，花形别致，亭亭玉立。

园林应用

园林中作花境条植、草地丛植，温室盆栽供室内、门厅、道旁、走廊摆放，也是南方城市街道、立交桥下绿化的常用材料。

*** 园林造景功能相近的植物 ***

中文名	学名	形态特征	园林应用	适应地区
秘鲁蜘蛛兰	*Hymenocallis narcissiflora*	花具芳香，小型，白色，有时内侧具绿色条纹	同蜘蛛兰	同蜘蛛兰
美丽蜘蛛兰	*H. speciosa*	叶片基部有纵沟。花白色，具芳香，花筒部带绿色	同蜘蛛兰	同蜘蛛兰

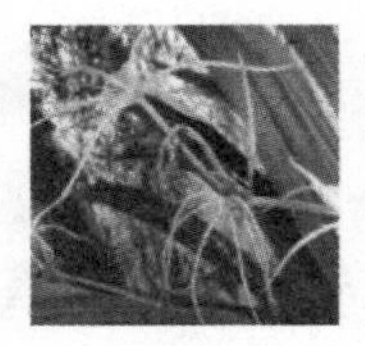
蜘蛛兰花序 ▷

蜘蛛兰景观

蜘蛛兰景观

蜘蛛兰景观

蜘蛛兰景观

红花文殊兰

科属名：石蒜科文殊兰属
学名：*Crinum amabile*

形态特征

多年生草本，植株粗壮，高达 1m。地下部具叶基形成的假鳞茎，长圆柱形，直径 10~15cm，叶从地下部抽出，30~40 片，带形，长可达 1m，顶端渐尖。花葶从叶丛中抽出，高出叶面；伞形花序顶生，有花 15~25 朵，外具 2 片大苞片；花被筒直立，细长，7~10cm，高脚碟状，花被片线形，红色。品种有金叶文殊兰（cv. Golden Leaves）。

适应地区

我国广东、广西、福建、云南等地有分布。

生物特性

喜光，也耐阴，夏季要遮阴。喜潮湿，忌涝，耐盐碱，宜排水良好、肥沃的土壤。喜温暖，不耐寒，北方只作盆栽观赏。

繁殖栽培

常用播种繁殖和分株繁殖。播种繁殖以春季为好，种子大，用浅盆点播，播后 2 周发芽，播种幼苗需养护 3~4 年才能开花。分株繁殖于 3~4 月进行，将母株周围的子鳞茎剥下另栽，栽植以不见鳞茎为好。生长期保持土壤湿润，每旬施肥一次，花葶抽出前加施磷肥一次。入秋后减少浇水，鳞茎进入休眠期停施肥水。花后如不留种应剪除花梗。

红花文殊兰景观

景观特征

植株硕大，洁净美观，丛生状，具热带气息。叶丛青翠，夏季开花，花朵红色，芳香馥郁。

园林应用

盆栽适用于门庭入口处和会议厅室内布置。在南方地区可露地栽培，常在屋前、路边丛植或做花境，点缀院落和营造景观。

＊园林造景功能相近的植物＊

中文名	学名	形态特征	园林应用	适应地区
文殊兰	*Crinum asiaticum* var. *sinicum*	叶多而大，长条形，端急尖。花白色	同红花文殊兰	同红花文殊兰
西南文殊兰	*C. latifolium*	叶带状，宽 3.5~6cm。伞形花序有花数朵至十余朵，白色而有红晕	同红花文殊兰	同红花文殊兰
香殊兰	*C. moorei*	植株丛生。花白色，具清香	同红花文殊兰	同红花文殊兰
斑叶文殊兰	*C. asiaticum* var. *japonicum* cv. *Variegata*	叶边、叶面具白色条纹	同红花文殊兰	同红花文殊兰

香殊兰花的特写 ▷

红花文殊兰景观

斑叶文殊兰景观

文殊兰景观

第四章 藤本阴地植物造景

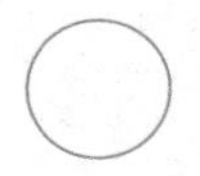

造景功能

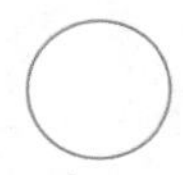

藤本阴地植物因习性的特殊性，在园林应用中有其特殊效果，往往作为垂直绿化应用，是立面（墙面、坡面）绿化的良好材料。在景观群落中，藤本植物虽然没有固定的空间位置，但却可以丰富林下结构、美化林内景观，其作用是不可替代的。它既可在地面延展，也可构建地被景观。

吊竹梅

别名：吊竹兰、斑叶鸭跖草
科属名：鸭跖草科吊竹梅属
学名：*Zibrina pendula*

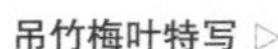
吊竹梅叶特写 ▷

形态特征

多年生常绿蔓生草本。地上茎细长、肉质、柔软，呈匍匐状下垂生长，节间膨大。单叶互生，基部形成叶鞘抱茎，长卵形，全缘，叶面绿色，具 2 条宽阔银白色纵条纹，叶缘有紫红色斑纹，叶背紫红色。花序腋生，花小，紫红色。花期夏季。品种有美叶吊竹梅（cv. Discolor）、姬吊竹梅（cv. Minima）、大吊竹梅（cv. Purpusii）、四色吊竹梅（cv. Quadricolor）。

适应地区

原产于墨西哥和美国南部，现于我国南方广泛栽培。

生物特性

喜温暖、湿润的环境，不耐寒，耐水湿，不耐旱。较喜阳，也耐半阴，在阳光较充足处叶色条纹鲜明。生长适温 4~10 月为 18~22℃，10 月至翌年 4 月为 10~12℃，冬季温度不低于 10℃。

繁殖栽培

全年均可进行扦插繁殖。剪取主茎或侧枝做插条，7~10 天生根。在生长过程中要不断摘心修剪，以增加分枝、萌发新叶。忌曝晒，夏季需适度遮阴。

景观特征

吊竹梅叶面斑纹明快，叶色美丽别致。植株小巧玲珑，枝条自然飘逸，独具风姿。

园林应用

是室内外绿化装饰不可多得的地被植物，适宜美化厅房，可放在花架、橱顶，或吊在窗前自然悬垂，观赏效果极佳。

吊竹梅景观

吊竹梅景观

合果芋

别名：白蝴蝶、剑叶芋、长柄合果芋
科属名：天南星科合果芋属
学名：*Syngonium podophyllum*

粉蝶合果芋叶特写

形态特征

多年生草质藤本。茎上具较多气生根，可以攀附于他物生长。叶互生，具长柄，幼叶为单叶、箭形或戟形，老叶成5~9裂的掌状叶，初生叶淡绿色，成熟叶深绿色，叶脉及其周围黄白色。佛焰苞浅绿色。品种有白蝶合果芋（cv. White Butterfly）、粉蝶合果芋（cv. Pink Butterfly）、银叶合果芋（cv. Silver Knight）、箭头合果芋（cv. Albelineatum）、白纹合果芋（cv. Albo-virens）、爱玉合果芋（cv. Gold Allusion）、锦叶合果芋（cv. Pinky）、绿精灵合果芋（cv. Pixie）。

混合种植的合果芋景观

适应地区

我国各地广泛栽培。

绿精灵合果芋叶特写

锦叶合果芋特写

生物特性

起源于热带，喜高温、多湿的环境，15℃以下则生长停止。广州、南宁以南地区可露地越冬。耐阴性强，喜散射光，需遮阴。

繁殖栽培

扦插繁殖。温度稳定在15℃以上时，用长10~15cm的顶芽做插穗，最容易成活而且长势快。生长期间浇水宁湿勿干，不积水，以免烂根。生长阶段应遮阴50%以上，同时注意控制施肥量，防止徒长，影响观赏效果。

景观特征

株形优美，叶形别致，色泽淡雅，清新亮泽，富有生机。

园林应用

在南方各省区应用十分普遍，除做盆栽以外，还可悬挂作吊盆观赏或设立支柱进行造型，更多用于室外半阴处做地被。

爱玉合果芋叶特写

爱玉合果芋景观

爱玉合果芋景观

* 园林造景功能相近的植物 *

中文名	学名	形态特征	园林应用	适应地区
大叶合果芋	*Syngonium macrophyllum*	叶掌状，幼叶 3 裂，成熟叶 5 裂，中裂最大，叶厚，浓绿色，有光泽	同合果芋	同合果芋
长耳合果芋	*S. auritum*	叶心形，较大，不分裂，淡绿色	同合果芋	同合果芋
绿金合果芋	*S. xanthophilum*	叶箭形，狭窄，叶面淡黄绿色	同合果芋	同合果芋
绒叶合果芋	*S. wendlandii*	叶长箭形，深绿色，中脉两侧具银白色斑纹	同合果芋	同合果芋
铜叶合果芋	*S. erythrophyllum*	叶箭形，成熟叶 3 裂，叶面铜绿色，有粉红或淡红色	同合果芋	同合果芋

白蝶合果芋景观

白蝶合果芋景观

白蝶合果芋景观

绿萝

别名：黄金葛
科属名：天南星科绿萝属
学名：*Scindapsus aureus*

形态特征

多年生草质攀援藤本。茎上具较多气生根。叶互生，具长柄，叶片长圆形，基部心形，幼叶较小，长 6~10cm，宽 6~8cm，老叶大型，长 60cm，宽 50cm，深绿，革质，光亮，叶面有黄色斑块。佛焰苞白色。品种有白金葛（cv. Marble Queen）、金叶葛（cv. All Gold）。

适应地区

我国各地广泛栽培。

生物特性

起源于热带，喜高温、多湿的环境，15℃以下生长停止。华南及西南地区冬季温暖可露地栽培。耐阴性强，喜散射光，需遮阴。

繁殖栽培

扦插繁殖。温度稳定在15℃以上时，用10~15cm 长的顶芽做插穗，最容易成活而且长势快。生性强健，极易栽培。植株多分枝，老枝枯叶应适当修剪。若氮肥过多，黄斑不明显，应注意避免。干燥季节多向叶面喷水。

景观特征

绿萝叶片金绿相间，叶色艳丽悦目，枝条悬挂下垂，富于生机。

园林应用

可攀爬在大树上绿化，也可做地被。可作爬柱造型、悬垂装饰，用于布置墙面、厅堂等处。

绿萝景观

绿萝景观

金叶葛叶特写 ▷

白金葛叶特写

绿萝景观

绿萝景观

绿萝景观

绿萝景观

*** 园林造景功能相近的植物 ***

中文名	学名	形态特征	园林应用	适应地区
黄斑绿萝	*Scindapsus magalophylla*	叶全缘，卵形，稍肥厚，长 10~30cm，翠绿色，杂有黄色斑纹	同绿萝	同绿萝
银星绿萝	*S. pictum* cv. Argyracus	叶面具银色白斑点	同绿萝	同绿萝

蔓绿绒类

别名：树藤、喜林芋
科属名：天南星科蔓绿绒属
学名：*Philodendron* spp.

形态特征

多年生草质攀援藤本，少数种类或品种近直立。茎节处气生根发达，茎粗 3cm 左右。革质叶互生，呈三角状心形、椭圆形，长 10~30cm，宽 10~20cm，全缘，少数种类羽裂，羽状侧脉 4~5 对；柄长 20~30cm；新叶和嫩芽鲜红色，成年叶绿色至浓绿色。盆栽种类、品种繁多，园林植物造景应用的不多。品种主要有箭叶蔓绿绒（*P.* cv. Wend-imbe）、红背蔓绿绒（*P. imbe*）、绿宝石蔓绿绒（*P.* cv. Emerald Duke）、波缘蔓绿绒（*P. corsinianum*）、心叶树藤（*P. oxycardium*）、密叶蔓绿绒（cv. Temptation）、苹果蔓绿绒（*P. grazielae*）。相近种有毛过山龙（*R. hookeri*）。

毛过山龙景观

苹果蔓绿绒景观

箭叶蔓绿绒景观

绿宝石蔓绿绒景观

心叶树藤叶特写 ▷

适应地区

原产于美洲热带地区。世界热带地区广泛栽培。

生物特性

喜温暖、潮湿的环境，耐阴性强。生长适宜温度为 20~30℃，不耐寒，越冬温度以保持在 15℃以上为宜。空气湿度需保持在 90%左右。宜疏松、肥沃、排水良好的砂质壤土。

繁殖栽培

可采用扦插、分株、压条法繁殖。5~6 月在 20~25℃的条件下，切取每段具有一个叶片的茎段做插穗，或剪下带气生根的健壮枝条，约 3 周左右插穗便可生根。生长季节需保持盆土湿润和较高的空气湿度。

景观特征

叶形奇特，十分耐阴，植株攀援，立体造景效果佳，景观富有热带气息，是阴湿环境、室内场地造景的好材料。

园林应用

在园林中应用于阴湿环境、林地林缘，于室内场地绿化美化，也可盆栽、做爬柱造型，装饰室内。

波缘蔓绿绒景观

密叶蔓绿绒景观

第五章 乔木阴地植物造景

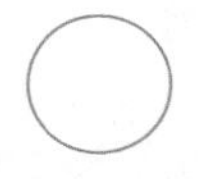

造景功能

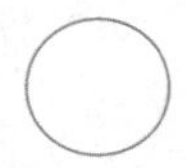

乔木阴地植物因植株高度的不同在园林应用和造景功能上各有差异。高大的乔木类植物往往构建景观群落的上层，是景观的重点，在园林中常用于直射阳光较少的中庭、建筑物的背阴处。低矮的乔木植物往往组成群落的中层，在园林中常常应用于林地、林缘，或者单纯布置应用。

白桫椤

别名：笔筒树
科属名：桫椤科白桫椤属
学名：*Sphaeropteris lepifera*

形态特征

树形蕨类植物。茎直立高大，最高可超过10m，胸径达10~15cm，茎外皮布满大型叶柄斑痕。叶集生于茎顶，叶片长矩圆形，长1.5~2.7m，宽0.6~0.8cm，3回羽状深裂；小羽片长披针形，羽状深裂，长10~15cm，宽1.5~2.2cm，具尾状尖头，叶基平截。孢子囊群生于叶背侧脉分叉处。

白桫椤景

适应地区

原产于我国，现世界各地广泛栽培。应用于我国南北地区和俄罗斯、朝鲜、日本、印度、越南、澳大利亚。

生物特性

喜温暖、湿润气候，耐阴蔽，需遮阴。不耐寒，生长适温为20~25℃。适宜栽于肥沃、湿润的疏松土壤中。

白桫椤株形

繁殖栽培

孢子繁殖为主，也可分株繁殖。孢子繁殖，可用地播法，选用透水性好的土壤，土面平整后撒播孢子，盖上薄膜保湿，2~3个月可见小苗长出。分株繁殖，在春季进行，将茎干、根部蘖生的小苗分离种植。生长阶段应遮光50%以上。幼苗长成树状需要很长时间，幼苗阶段也有较高观赏价值。

景观特征

茎外皮布满大型叶柄斑痕，形成菱形的花纹，十分美观，这是识别该植物十分明显的外部特征。叶集生于茎顶，大型展开的叶片和拳卷状的嫩叶构成大型蕨类植物的特有景观。树干挺拔秀丽，树姿婀娜多姿，是罕见的大型阴地观赏植物。

园林应用

常植于庭园阴湿处、阴地植物区和阴棚中，也可盆栽观赏。

白桫椤叶特写 ▷

白桫椤景观

白桫椤景观

白桫椤景观

桫椤

别名：树蕨、蛇木
科属名：桫椤科桫椤属
学名：*Alsophila spinulosa*

形态特征

多年生树形蕨类，主干高 1~3m，黑褐色，具密生气根。叶柄粗壮，深棕色；叶面绿色，叶背灰绿色，3 回深裂；羽片多数，互生，矩圆形；裂片披针形，有疏锯齿。孢子囊群圆球形，着生于小脉分叉点上。

适应地区

原产于亚洲热带、亚热带地区，现于我国热带地区栽培。

生物特性

喜温暖，有一定的耐寒性，南方可露地越冬。喜散射光，喜湿润，空气湿度高的地方有利于桫椤生长。要求土壤有机质丰富，土地湿润，排水性好。

桫椤景观

繁殖栽培

分株繁殖和孢子繁殖。分株繁殖在春季进行，将茎干、根部蘖生的小苗分离种植。孢子繁

桫椤景观

南洋桫椤叶特写 ▷

✻ 园林造景功能相近的植物 ✻

中文名	学名	形态特征	园林应用	适应地区
南洋桫椤	*Alsophila loheri*	同桫椤	同桫椤	同桫椤

殖，可用地播法，选用细腻、透水性好的基质，土面平整后撒播孢子，盖上薄膜保湿，2~3 月可见小苗长出。生长阶段应遮阴 50% 以上。新植桫椤应注意树干喷水，保持较高空气湿度。

景观特征

为著名的珍稀植物，属国家一级保护对象。植株具 3~5m 高大的茎干，在蕨类植物中独树一帜，树干挺拔秀丽，树姿婀娜多姿，叶大且多，密集于茎干顶端，宛如罗伞，叶色深绿，是罕见的观赏植物。

南洋桫椤景观远景

园林应用

常植于庭园阴湿处、阴地植物区和阴棚中，也可盆栽观赏。

桫椤景观

摩尔大泽米

别名：澳宝
科属名：泽米科大泽米属
学名：*Macrozamia moorei*

摩尔大泽米雌球果

形态特征

常绿乔木。树干高大粗壮，不分枝，高 2~10m，粗 50~80cm，叶基宿存，表面外观奇特。叶大型，100~120 片聚生树干顶端，十分壮观，叶片长条形，叶长 2~3m，宽 30~40cm，1 回羽状复叶，羽片对生或互生，60~110 对，羽片线形，长 10~20cm，宽 1~2cm。雌球果卵形，大型。

适应地区

原产于澳大利亚昆士兰州中部，我国广东南部也有栽培。适应我国热带、亚热带地区栽培。

生物特性

原产地是瘠薄、干旱的稀疏丛林，喜光，也耐半阴，耐旱，耐瘠薄，不耐寒，忌积水。地栽要求有机质丰富、排水性好的砂质壤土。

繁殖栽培

大规模繁殖采用播种繁殖，在南方全年均可进行。其他繁殖方式在国内尚处于探索阶段。新植植株应特别注意栽培土壤的排水性能，采用通气、设立排水通道等方法增加通气和排水能力，过多水分会导致烂根。

景观特征

植株高大，叶姿优美，叶形大，众多长条形的叶片聚生于枝顶，舒展飘洒，十分奇特，独树一帜，是十分稀有的树型，具异国情调、热带风情。

园林应用

在中庭中配置或大楼背阴处种植，常孤植或 3~5 株丛植。在阳光充足的空旷环境（如草坪等地）配置，一般不与其他阔叶树种搭配，但可与树型接近的棕榈树种搭配。

摩尔大泽米景观

摩尔大泽米丛生叶

软叶针葵

别名：针葵、美丽针葵
科属名：棕榈科刺葵属
学名：*Phoenix roebelinii*

软叶针葵花序 ▷

形态特征

小乔木，不分枝，高 2~4m。茎上有残存的三角状叶柄。叶 1 回羽状全裂，长约 1m，常弯垂；裂片条形，柔软，2 列排列，裂片背面叶脉被灰白色鳞秕，下部裂片退化成刺状。穗状花序生于叶丛下，花小，淡黄色。果长圆形，熟时枣红色。花期 5~6 月，果期 10~11 月。

软叶针葵景观

适应地区

我国南方各省区栽培甚多。

生物特性

喜温暖、湿润、半阴的环境，可耐日晒。生长适温为 20~30℃，稍耐寒。要求疏松、肥沃、湿润的土壤，耐干旱。

繁殖栽培

播种繁殖。宜随采随播，或将种子于 10 ℃左右低温冷藏 2~3 周后再播种，可促进发芽，种子发芽温度要求 18℃以上，约 1 个月开始发芽。

软叶针葵景观

软叶针葵果

景观特征

叶形秀丽清雅，叶拱垂似伞形，是优良的观叶植物。

园林应用

适应性强，可作各种室内盆栽观赏。中小型植株适于一般家庭布置，大型植株常用于会场、大建筑的门厅、露天花坛、道路的绿化布置。在气候温暖地区可作庭院、道路、广场等的绿化栽培。切叶是插花的优良素材。

香龙血树

别名：巴西铁
科属名：龙舌兰科龙血树属
学名：*Dracaena fragrans*

形态特征

常绿乔木，高可达5~8m。茎干直立，不分枝。叶螺旋状着生，密集，带状披针形，长30~50cm，宽4~6cm，边缘全缘，微呈波状，光滑无毛，绿色或具有各种色彩条纹。花白黄色，芳香。品种有金心巴西铁（cv. Massangeana）、黄边巴西铁（cv. Lindeniana）、金边巴西铁（cv. Victoriae）。

适应地区

原产于非洲西部的加那利群岛，现于我国各地广泛栽培。

生物特性

喜高温、多湿和阳光充足的环境，也耐阴，在半阴处长势良好。生长适温为18~24℃，3~9月为24~30℃，9月至翌年3月为13~18℃，冬季温度低于13℃进入休眠。地栽对土壤要求不严，但排水性好的沙壤土最好。盆栽可用混合基质，要求透水性强。

繁殖栽培

扦插繁殖。温度稳定在20℃以上，用10~15cm长的顶芽做插穗。粗度不等的茎段也能扦插，3~4周在茎干上发出数量不等的新

金心巴西铁景

香龙血树叶特写 ▷

芽。保持土壤湿润勿干。施肥用复合肥比较好，氮肥过多容易导致叶面金色条纹淡化。

景观特征

树干粗壮，植株挺拔，刚劲有力，叶丛生茎干顶端，叶片剑形，披散飘逸，碧绿油光，生机盎然。

园林应用

南方温暖地区可植于庭院中堂、大堂等阴生环境中，景观效果好。盆栽可将茎干截成长度不等的茎段扦插于沙中，上端发出新芽，多段组合形成造型，观赏价值极高。盆栽可供厅堂、公共场所装饰、摆设。

金心香龙血树景观

金心巴西铁景观

金心香龙血树叶特写

金边香龙血树叶特写

千手兰

别名：荷兰铁
科属名：龙舌兰科丝兰属
学名：*Yucca aloifolia*

形态特征

常绿乔木。茎干粗壮、直立，不分枝，褐色，有明显的叶痕。叶窄披针形，螺旋状密集着生，末端急尖，长可达 80cm，宽 5~8cm；叶革质，质地厚，坚韧，全缘，绿色，无柄，上部叶斜上指，中下部叶平展或下垂。圆锥花序顶生，大型，花大，白色。花期夏、秋季。品种有金边丝兰（cv. Marginata）、金心丝兰（cv. Duadricolor）。

适应地区

原产于北美温暖地区。

生物特性

喜阳，也耐阴，可适应不同的光线环境。耐旱，又耐寒。对土壤要求不严，以疏松、富含腐殖质的壤土为佳。

繁殖栽培

常用扦插繁殖。扦插繁殖在整个生长季均可进行，但以春、秋季较好。扦插时剪取 10~30cm 的芽，待伤口稍晾干后基部沾上黄泥浆，扦插于干净的河沙中，1 个月左右即可生根。生长季保持土壤湿润即可，避免浇水过多，引起积水，使根部和茎干腐烂。生命力旺盛，对肥料要求不高，生长旺盛期每月施 2~3 次液肥即可。

景观特征

株形规整，茎干粗壮，叶片坚挺翠绿，极富阳刚、正直之气。

园林应用

生性耐旱，耐强光，又耐阴，适宜庭园美化或盆栽，做高大盆景时也可布置于大型会场，极为壮观。

千手兰景观

千手兰株形 ▷

千手兰景观

千手兰景观

金心千手兰景观

红边龙血树

别名：缘叶龙血树、细叶千年木、红边竹蕉
科属名：龙舌兰科龙血树属
学名：*Dracaena marginata*

形态特征

常绿小乔木，高可达 5m，园林中应用的常 2~3m 高。茎干直立，圆柱形，较细，茎上叶痕明显，有苍劲感。叶厚而细长，革质，带形，长渐尖，叶丛生茎干顶端，长 30~50cm，宽 1~3cm，新叶挺立，老叶下垂，叶缘具红边和红色条纹，中间绿色。品种有彩纹龙血树（cv. Tricolor），叶面有 2 条黄色纵纹，色彩鲜艳；彩虹龙血树（cv. Tricolor Rainbow），叶面有红色细纹，色彩十分鲜艳。

红边龙血树叶特

适应地区

我国南方地区有栽培。

生物特性

喜热，喜光，耐旱，也耐阴，长势较慢。对土壤要求不严，排水性好的沙壤土最好。日照 50%~60% 比较适合生长。

红边龙血树景

繁殖栽培

扦插繁殖。温度稳定在20℃以上，用长10~15cm的茎段做插穗，1 个月可生根，用顶芽做插穗，生长效果更好。对土壤要求不严，在园林、庭院种植要注意土壤排水良好。

景观特征

树干挺直，叶色鲜艳，叶丛聚于枝顶，下部叶片自然下垂，上部叶上指。庭院种植时，以叶丛顶生于分枝顶端形成一团一团绿伞为特色。

彩纹龙血树景

园林应用

布置于庭院、花坛、花境、草坪、路边及会场等公共场所。

蚊母树

科属名：金缕梅科蚊母树属
学名：*Distylium racemosum*

蚊母树果枝 ▷

形态特征

常绿乔木，高达25m，栽培后常为灌木状。小枝和芽有盾状鳞片。叶厚，革质，椭圆形或倒卵形，长3~7cm，宽1.5~3cm，顶端钝或稍圆，基部宽楔形，全缘，侧脉5~6对，在表面不显著，背面略隆起；叶边缘和叶面常有虫瘿；叶柄长7~10mm。总状花序长2cm，有星状毛；苞片披针形；萼筒极短，花后脱落，萼齿大小不等，有鳞毛；雄蕊5~6枚，花药红色；子房有星状毛，花柱长6~7mm。蒴果卵圆形，无萼筒，长约1cm，密生星状毛，室背和室间裂开。花期3~4月，果期8~10月。品种有彩叶蚊母树（var. *variegatum*）。

适应地区

原产于我国东南沿海一带。

生物特性

多生于低山丘陵的阳坡、半阳坡，能耐阴。喜土层深厚、气候温暖及潮湿环境，对土壤要求不严，但要求排水好、不积水。抗烟尘能力强，耐修剪。

繁殖栽培

播种、扦插繁殖均可。

景观特征

枝叶茂密，四季常青，树冠圆形，颜色较深，植株萌枝能力强，可以修剪成各种造型。

园林应用

抗性强，宜作工矿区道路绿篱、建筑基础栽植，也是庭院、草坪整形栽植材料。长江中下游地区栽培做庭园绿化观赏树种。

蚊母树株形

蚊母树景观

海州常山

别名：臭梧桐
科属名：马鞭草科桢桐属
学名：*Clerodendrum trichotomum*

形态特征

落叶灌木或小乔木，高可达 8m。干皮灰褐色，光滑。单叶对生，叶片宽卵形，长 5~16cm，宽 3~13cm，先端渐尖，基部宽楔形，叶表平滑无毛，背面脉上密生柔毛。两性花；伞房状聚伞花序腋生；花萼漏斗形，紫红色；花冠白色或带粉红色。核果球形，熟时蓝紫色、光亮。花期 6~8 月，果熟 9~10月。同属小形种类有桢桐（*C. japonica*），叶卵状心形，背面密生黄色腺体，圆锥花序鲜红色。

海州常山花

适应地区

分布于我国华北、华东、中南及西南各省区。城市公园多有栽培。

生物特性

喜光，能耐阴，较耐寒，耐旱。对土壤要求一般，耐盐碱，在肥水条件好的土壤上生长旺盛。

海州常山花

繁殖栽培

播种、扦插、分株繁殖均可。播种繁殖于春季播种，播后保持温度在 20℃以上，发芽率较高。扦插繁殖以嫩枝扦插为好，春季气温稳定于 20℃以上时，剪取一年生粗壮嫩枝，截成一段长 12cm 保留 2 个节间的芽，插入沙床，20 天即可生根。为促进植株萌芽，扩大株丛，每年须增施追肥，促进旺盛生长。枝条萌芽力强，于生长早期剪去主干或摘去顶芽，可促进侧枝萌生。在生长旺盛、花蕾未形成前，通过修剪保持株形丰满。秋季不要施肥，以增加植株抗寒性能，有利于越冬。

景观特征

花序大，花、果美丽，株丛上花、果共存，白花、红萼、蓝果并存，色泽亮丽，花、果期长，植株繁茂，为良好的观赏花木。

园林应用

可丛植、孤植，是营造园林景观的良好材料。

海州常山果 ▷

海州常山景观

海州常山景观

桢桐花序

桢桐景观

马拉巴栗

别名：瓜栗、发财树、中美木棉
科属名：木棉科瓜栗属
学名：*Pachina macrocarpa*

马拉巴栗花特写

形态特征

常绿乔木，高可达 2m。干挺直，基干肥大，肉质状。4~6 条侧枝在干上排成环状轮生状。掌状复叶，小叶 4~7 片，长椭圆形或披针形，有长柄，全缘。大型白色花，雄蕊多数，花丝长，花白色，呈放射状。球形木质蒴果。品种有斑叶马拉木粟（cv. Variegata），叶面具乳白色斑块。

马拉巴栗果

适应地区

我国南方地区露地栽培，北方作盆栽观赏。

生物特性

喜温暖、湿润、向阳或稍有疏阴的环境，生长适温为 20~30℃，冬季不可低于 5℃。夏季高温、高湿季节是生长的最快时期。对光照要求不严，但全日照能使茎节变短，株形紧凑、丰满。喜排水良好、含腐殖质的酸性砂质壤土。

马拉巴栗景观

繁殖栽培

播种、条播或点播繁殖均可。发芽适温为 20℃以上，幼苗生长快，一般当年生苗可达 70cm 左右。播种能保持母本的肥大特性。也可扦插繁殖，30 天左右生根成活，但扦插成活苗的茎干基部无肥大形状。20 天左右追施一次薄肥，对于花株应多施磷肥。夏季经常向枝干、叶面喷水。小苗置于阴凉处，不要光线太暗，否则会使植株过于细高，提前达到编瓣的高度，影响造型。春季应修剪枝叶一次，促使枝叶更新。

景观特征

树姿优雅，树干苍劲、古朴，枝叶潇洒婆娑，观赏价值高，尤以 3~5 株及各种辫状或螺旋状造型为美，是庭园造景、室内观赏植物的佼佼者。

园林应用

为家庭和公共场所流行的绿化装饰植物，成株树冠优美，是较好的庭园树，除单株栽培外，幼株也可 3~5 株结辫成型或弯曲造型，以增加观赏价值。

琴叶榕

科属名：桑科榕属
学名：*Ficus lyrata*

琴叶榕叶特写 ▷

形态特征

灌木或小乔木，高可达 1~2m。树干通直。分枝少，尤其幼年时很少分枝，小枝条直立或斜上升不下垂。叶片大，互生，纸质，呈提琴状，叶长 40~50cm，宽 20~30cm，浅绿或深绿色，叶片先端钝而微凹，中肋于叶背显著隆起，侧脉数条，明显，叶缘稍呈波浪状，有光泽；叶柄及背被灰白色茸毛。

适应地区

我国南方地区广泛栽培。

生物特性

日照需良好，生长季需遮光 50%。喜高温、高湿，极耐旱，生长适温为 23~32℃，越冬温度为 8℃。春、秋季为生长旺盛期，幼株每 2~3 个月施肥一次。生性强健，对土壤需求不严。

琴叶榕景观

琴叶榕盆栽

繁殖栽培

一般用扦插繁殖或高压繁殖。因其叶片硕大，夏天应避免阳光直射。夏季需水量大，要勤浇水。当气温降至 15℃左右时就停止生长，植株进入休眠期，此时要适当控制水量。生长季节每半月施一次复合肥，以利于叶片生长，保持最佳观赏状态。

景观特征

叶片宽大、奇特，株形通直，给人以大方庄重之美感，同时富有热带情调。

园林应用

四季常青，姿态优美，具有较高的观赏价值和良好的生态效果，广泛栽种于华南地区，可做庭园树、行道树、绿阴树。

垂榕

别名：垂叶榕
科属名：桑科榕属
学名：*Ficus benjamina*

形态特征

常绿乔木。树冠宽阔。茎幼时淡绿色，成熟时棕褐色或灰白色。枝条柔软下垂，易生气生根。茎叶具白色乳汁。单叶互生，革质，光亮，卵圆形或椭圆形，顶端长尾尖，基部楔形，长 3.5~8cm，宽 2~3cm，叶脉细密。隐头花序生于叶腋，球形，直径 1~1.5cm，成熟时黄色。品种多，常见栽培的有黄果垂榕（cv. Nuda）、斑叶垂榕（cv. Variegata）、花叶垂榕（cv. Goldenprincess）。

适应地区

我国南方地区阴地造景广泛应用，北方用于盆栽布景。

生物特性

对光照的适应性较强，对光线的要求不高，夏季适当遮阴，其他时间不需遮阴。生长适温为 13~30℃，冬季温度不低于 5℃。土壤以肥沃、疏松的腐叶土为宜。在南方可长成大树，北方多盆栽观赏。

林缘的花叶垂榕

花叶垂榕叶特写

花叶垂榕与透光性强的棕榈类植物配置

繁殖栽培

常用扦插繁殖，容易成功，也可压条、播种、嫁接繁殖。对水分的要求不严，生长旺盛期需充分浇水。茎叶生长繁茂时要进行修剪，以促使萌发更多侧枝，同时剪除交叉枝和内膛枝，达到初步造型。

景观特征

枝叶浓密，全年常绿，叶色清新，枝条柔软下垂，色彩丰富，是室内绿化、阴地环境造景的良好材料。

园林应用

可做庭园树、行道树，也适合盆栽观赏，常用来布置宾馆和公共场所的厅堂、入口处，也适合在家庭客厅和窗台点缀。

垂榕叶特写 ▷

垂榕株形

室内布置的垂榕

林下的垂榕

布置于中庭经修剪过的垂榕

橡胶榕

别名：印度榕、橡皮树
科属名：桑科榕属
学名：*Ficus elastica*

形态特征

乔木，高达 20~30cm。树皮灰白色，平滑。叶厚，革质，长圆形至椭圆形，全缘，表面深绿色，光亮，背面浅绿色；叶柄粗壮；托叶膜质，深红色，脱后有明显环状疤痕。果对生于已落叶枝的叶腋，卵状长椭圆形，黄绿色；基生苞片风帽状，雄花、瘿花、雌花同生于榕果内壁；雄花具柄，散生于内壁，花被片 4 片，卵形，雄蕊 1 枚，花药卵圆形；瘿花花被片 4 片，子房光滑，卵圆形，花柱近顶生，弯曲；雌花无柄。瘦果卵圆形。花期冬季。品种较多，常见的有黑叶橡胶榕（cv. Decora Burgundy）、锦叶橡胶榕（cv. Doesheri）、美叶橡胶榕（cv. Decora Tricolor）。

橡胶榕盆栽

适应地区

世界各地均有栽培，作为观赏树种。

橡胶榕景观

黑叶橡胶榕叶特写 ▷

生物特性

喜温暖的环境，对寒冷的耐受性较差，冬季温度低于 5~8℃时，易受冻害；生育适温为22~32℃。喜湿润的气候，不耐干旱。喜光照充足的地方，也能耐阴。喜肥沃的土壤，生长迅速，树干有橡胶乳汁，能耐酸度较强的土壤。

橡胶榕景观

繁殖栽培

繁殖用扦插或压条法为主。扦插 5~9 月为适宜期；压条繁殖以高压法为主，选取中熟枝条环剥，春至秋季为适宜期。栽培土质以肥沃的砂质壤土或壤土为佳，忌黏性强，排水需良好，全日照或半日照均可。

景观特征

植株高大，枝干上有时有气生根，叶椭圆形或长圆形，厚革质，大且光亮，四季常青，幼芽常呈红色或粉红色，是良好的观叶树种。单株或小片规则种植，观赏价值均高。

园林应用

可用于公园、游园中做绿阴树，或于林木园中做风景树，也可在华南地区露天栽种做行道树。又可用于大盆栽，点缀较为宽敞的家居或办公空间，以增添自然气息。

花金刚橡胶榕叶特写

美叶橡胶榕叶特写

福木

别名：福树
科属名：藤黄科藤黄属
学名：*Garcinia spicata*

福木叶形 ▷

形态特征

常绿中乔木，高5~10m。树形圆锥形，树干通直，树皮厚，黑褐色，小枝方形。单叶有柄，对生，革质，长椭圆形10~14cm，表面暗绿色有光泽，背面暗绿色；叶柄基部有黄色乳汁。雌雄异株；花黄白色，簇生于叶腋，雌花少数，雄花多数，簇生，花萼5枚，花瓣5枚，近圆形。果实为浆果状，球形成熟时黄色。

福木景

适应地区

原产于菲律宾、印度、日本、斯里兰卡，我国南部地区有栽培。

福木景

生物特性

喜光植物，但耐阴，是近年流行的室内观叶植物，小苗耐阴能力更强。生性强健，生长慢，耐旱，耐热，喜高温，生长适温为23~32℃。

福木景观

繁殖栽培

可用播种或高压法繁殖，但以播种繁殖为主，春至夏季为繁殖适宜期。栽培土质以富含有机质的土壤为佳，日照需充足，生长速度缓慢，少修剪，幼株每年施用3~4次追肥。

景观特征

树形圆锥状，叶片大，树冠外形粗放、健美。

园林应用

常孤植或丛植于庭院、建筑北面、小区中庭，也可于建筑物内布置。

大伞树

别名：昆士兰伞树、澳洲鸭脚木
科属名：五加科澳洲鸭脚木属
学名：*Schefflera actinophylla*

大伞树叶形 ▷

形态特征

常绿灌木。茎干直立；少分枝。叶为掌状复叶，小叶随成长而变化较大，长椭圆形，革质。伞状花序，顶生小花，白色。花期春季。

适应地区

华南地区露地栽培，北方用于盆栽造景。

生物特性

生性强健，适生于温暖、湿润及通风良好的环境，喜阳，也耐阴。

繁殖栽培

可用播种繁殖和扦插繁殖。

景观特征

叶片宽大，且柔软下垂，形似伞状，枝叶层层叠叠，株形优雅，姿态轻盈而不单薄，极富层次感。

大伞树株形

园林应用

盆栽、单植、列植、群植或做树墙。成树主干高，具有遮阴功能，为庭院、校园、住宅的高级绿化树种，也是美化高楼大厦中庭的优美树种。

大伞树景观

幌伞枫

科属名：五加科幌伞枫属
学名：*Heteropanax fragrans*

形态特征

常绿乔木，干不分枝或少分枝，高 5~30m。树皮条状纵凸起，皮刺明显。叶大型，聚生树干顶端，叶长、宽相等，为 50~100cm，3~5 回羽状复叶；羽片对生，基部另有小型的羽片 2 片，末回小羽片椭圆形或倒卵形，长 5~10cm，宽 3~4cm。圆锥花序顶生，大型，长 30~40cm。花期为冬季，果实春季成熟。

适应地区

原产于我国广西、海南和广东西南部、云南东南部。适应热带、亚热带地区栽培。

生物特性

喜温暖和空气湿度较高的环境，喜全日照或半阴环境，不耐寒，不耐旱。地栽要求土壤有机质丰富、土地湿润、排水性好。

繁殖栽培

大规模繁殖采用播种繁殖，在南方地区全年均可进行。扦插繁殖也可，十分容易成活，可在春季进行，温度稳定在20℃以上的其他季节也可扦插。空气湿度宜保持60%~80%，新植植株水分过多会导致烂根。

景观特征

株形高大，叶姿优美，叶形大，聚生于枝顶犹如大罗伞，十分壮观。叶片革质有光泽，四季常青，颇有南国风光。叶片密集，但每片叶又单独成体系，整个树冠如多片鳞甲镶嵌而成。

园林应用

在中庭中配置或大楼背阴处种植，常孤植或 3~5 株丛植，也可盆栽作室内观赏和大堂造景，近年应用范围不断扩大。

幌伞枫室内景观

幌伞枫室外景

幌伞枫叶形 ▷

幌伞枫景观

幌伞枫景观

五桠果

别名：第伦桃
科属名：五桠果科属
学名：*Dillenia indica*

形态特征

常绿乔木。树皮红褐色，裂成大块状脱落。嫩枝被毛。叶革质，长圆形或倒卵形，先端短尖，边缘有锯齿，侧脉凸起，平行细密；叶柄有窄楔翅。花白色，近枝顶叶腋；雄蕊多数。果球形。种子扁，边缘有毛。品种有斑叶第伦桃（cv. Stripe Leaves）。

五桠果的果枝

适应地区

原产于中国及东南亚，分布于印度、缅甸等热带地区。1910 年引入我国台湾，20 世纪 50 年代末引入海南，云南、广西、广东也有种植。

生物特性

喜高温、湿润、阳光充足或半阴的环境，生长适温为 18~30℃。对土壤要求不严，但在土层深厚、湿润、肥沃的微酸性壤土中生长最好，不宜种植于沙砾土或碱性过强的土壤中。生长迅速，根系深，不怕强风吹袭。

繁殖栽培

主要采用播种繁殖。果实成熟时，采收并取出种子，浸于热水中 1 小时，随后点播或条播于砂质壤土中。经 30~40 天能发芽，留床 1~2 年后移植，3~4 年能开花。也可高空压条繁殖，一般在生长旺盛的 5~6 月进行。栽培管理粗放，移栽成活率高，移植时可采用裸根移植，但要注意不可干燥。若在雨天移植，成活率高。大树移栽时最好带土球，主干留 1.5~2m 高。夏季生长后可适当修剪整形。

景观特征

叶色浓绿，长势旺盛，树形壮观有气势，树冠洁净飒爽，花朵、果实硕大诱人，叶、花、果都具有很高的观赏性。

园林应用

为优美的庭园观赏树、风景区观赏树、小区绿化树、行道树和海滨抗风树。在种植形式上比较灵活，可孤植、单行植、双行植和群植等。

*** 园林造景功能相近的植物 ***

中文名	学名	形态特征	园林应用	适应地区
大花五桠果	*Dillenia turbinata*	叶面粗糙，腹面墨绿色，背面灰绿色，叶脉较密。花黄色	同五桠果	同五桠果

五桠果的果 ▷

五桠果景观

五桠果景观

大花五桠果的花

小花龙血树

别名：山海带、海南龙血树
科属名：龙舌兰科龙血树属
学名：*Dracaena cambodiana*

形态特征

常绿灌木或乔木，高 2~4m。植株挺拔，刚劲有力，叶丛生茎干顶端。茎上叶痕明显，有苍劲感。叶厚，革质，带形，长渐尖，长 50~100cm，宽 2~3cm，自然披垂，披散飘逸，叶色深绿，油亮。

适应地区

原产于亚洲热带，我国热带地区有野生。

生物特性

喜热，喜光，耐旱，也耐阴，在室内长期摆放长势也好。对土壤要求不严，但以排水性好的沙壤土最好。

繁殖栽培

扦插繁殖。温度稳定在 20℃以上，用长 10~15cm 的顶芽做插穗。粗细不等的茎段也能扦插，发出数量不等的新芽。大规模生产可用组培苗或扦插繁殖。庭院种植注意土壤排水良好，排水不畅时常发生根部腐烂。盆栽宜摆放在光线较好处。

小花龙血树株形

景观特征

树干挺直，叶色碧绿，叶片修长且自然下垂，于庭院种植，以叶丛顶生于分枝顶端形成一团一团绿伞为特色。

园林应用

可用于布置庭院、花坛、花境、草坪、路边及会场等场所。

小花龙血树景观

小花龙血树花序 ▷

小花龙血树景观

小花龙血树景观

小花龙血树景观

小花龙血树景观

小花龙血树景观

华南苏铁

别名：刺叶苏铁、龙尾苏铁
科属名：苏铁科苏铁属
学名：*Cycas rumphii*

大型双子铁叶特写 ▷

形态特征

树干圆柱形，高 4~8m，少数高达 15m。羽状叶长达 1~2m，叶柄长 10~15cm 或更长，常具三钝棱，两侧有短刺。雄球花有短梗，椭圆状矩圆形。花期 5~6 月，种子 10 月成熟。

适应地区

我国华南各地均有栽培。

生物特性

喜温暖、湿润的环境，对寒冷的耐受性较差，生长适温为 23~31℃。喜阳光充足的环境，稍耐阴。喜肥沃、微酸性、稍干燥的砂质壤土和通风良好的条件。生长较缓慢，寿命较长，有的可长达 200 年。

繁殖栽培

繁殖可采用播种、分蘖和切干等方法繁殖。

景观特征

树形优美、古朴，主干粗壮，呈圆柱状，坚硬如铁。叶为羽状复叶，丛生于茎顶，尖锐如针，洁滑光亮，四季常青。

华南苏铁美丽的大孢子叶

大型双子铁叶特写

园林应用

在园林中多做观赏树种，配置于中庭或建筑背阴处，也可于公园、游园等处的空旷地、草坪、花坛中种植。

＊园林造景功能相近的植物＊

中文名	学名	形态特征	园林应用	适应地区
苏铁	*Cycas revoluta*	植株高达 3m。羽状复叶，小叶线形，叶缘反卷，叶背具锈色毛绒。种子倒卵形，橙红色	同华南苏铁	同华南苏铁
大型双子铁	*Dioon spinulosum*	老干光滑，灰白色。羽状复叶大型，生于枝顶，小羽片 80~110 多对，边缘具 5~8 对不规则锯齿	同华南苏铁，但耐阴，室内造景适应性更好	同华南苏铁

第六章 灌木阴地植物造景

造景功能

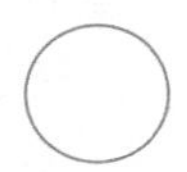

灌木阴地植物是景观应用中最广的一群植物，不仅个体数量繁多，而且造景功能、应用方式也特别多样。在景观群落构建中，中型灌木可用于中层，丰富林下景观；小型灌木可用于下层或地被；大型的灌木可以作为景观群落的上层，成为主景植物。

矮紫杉

别名：枷椤木
科属名：红豆杉科红豆杉属
学名：*Taxus cuspidata* cv. Nana

形态特征

常绿灌木，无主干。老枝干紫褐色，侧枝多斜生，小枝呈不规则互生。叶革质，条形而直，螺旋状着生，枝基部叶扭转排成 2 列，嫩叶黄绿色，老叶深绿色。种子鲜红色。

适应地区

我国多庭园栽培。

生物特性

喜阳，耐半阴、怕炎热、耐寒，对水、肥要求不严，适宜生长在疏松、肥沃、偏酸的土壤中。冬季切勿过阴，以免造成掉叶。

矮紫杉对植景

矮紫杉对植景

矮紫杉的种子

繁殖栽培

播种繁殖和扦插繁殖。播种苗生长缓慢。扦插以夏初嫩枝扦插生根较快，苗期适当遮阴。春、秋两季各施以氮为主的肥料1~2次，夏、秋季略多浇水，入冬土壤略干为宜。

矮紫杉株形

景观特征

枝叶繁茂，簇状丛生，枝杈刚劲挺拔，参差不齐，树冠成盘状、碗状、馒头状或倒卵形，树形甚为美观。种子成熟后鲜红色，鲜艳夺目。

园林应用

是公园、花坛、庭园、岩石园绿化的优良观赏树种。树姿端庄、典雅、自然，并耐修剪，是制作盆景的良好素材，可塑造成各式各样的盆景作品。

矮紫杉景观

棕竹

别名：观音竹、筋头竹、大叶棕竹
科属名：棕榈科棕竹属
学名：*Rhapis excelsa*

形态特征

常绿丛生灌木，高 2~3m。茎绿色如竹状，常有宿存叶鞘。叶掌状，5~10 裂或更多，裂片先端有锯齿；叶柄下部扩展成鞘状，叶鞘边缘有粗黑纤维。肉穗花序生叶丛中，花淡黄色或浅粉红色。花期 4~5 月，果期 10~11 月。品种有大叶、小叶之分，如斑叶棕竹（*R. excelsa* cv. Variegata）。

适应地区

原产于我国西南、华南至东南部，日本也有分布。

生物特性

喜温暖、湿润、半阴环境，忌烈日，较耐寒冷，可耐 -5℃低温，生长适温为 20~30℃。稍耐旱瘠。对土壤适应较强，宜肥沃、疏松、排水良好的轻质土壤。北回归线以南地区可在露地栽培，华中以至华北的广大地区冬季只宜做室内盆栽。

繁殖栽培

常用播种繁殖。种子采收后可用半湿河沙层积至翌年春天播种，播种后约 2 个月发芽。也可用分株繁殖，宜在春季进行。夏季应遮阴 50% 以上，冬季可适当增加光照。及时剪除枯叶。

斑叶棕竹株形

棕竹景

棕竹景

景观特征

棕竹纤细直立，叶痕如竹节状，叶掌状深裂如棕，似竹非竹，似棕非棕，形态优雅，挺拔潇洒，四季常绿，富有热带韵味。

园林应用

适应性强，盆栽可装饰摆设于室内，在长江以南地区可作庭院绿化种植。小苗可与盆景、假山配置，一枝独秀；大丛陈列于展厅、客厅等处。棕竹也宜地植于建筑物阴处作基础种植，或做公园中的绿篱以及水滨衬景。

棕竹果实 ▷

棕竹景观

金山棕竹列植效果

金山棕竹景观

＊园林造景功能相近的植物＊

中文名	学名	形态特征	园林应用	适应地区
多裂棕竹（金山棕）	*Rhapis multifida*	叶裂片达15片以上，两侧及最中央3片明显较其他大	同棕竹	同棕竹
细棕竹	*R. gracilis*	茎干纤细。掌状叶有裂片12~14片，裂深几乎达到叶基	同棕竹	同棕竹

散尾葵

科属名：棕榈科散尾葵属
学名：*Chrysalidocarpus lutescens*

形态特征

丛生灌木，高3~8m。干有明显的环状叶痕。叶羽状全裂，裂片披针形，两列排列，先端弯垂；叶轴和叶柄黄绿色，腹面具浅槽，叶鞘初时被白粉。肉穗花序生于叶丛下，多分枝。果陀螺形或纺锤形，熟时橙黄色。花期5~6 月，果期翌年 8~9 月。

散尾葵景观

适应地区

我国引种栽培广泛，在华南地区可作庭园栽培或盆栽种植，其他地区可作盆栽观赏。

生物特性

喜热，不耐寒，生长适温为 20~30℃，5℃以下易受寒害。对光照适应性较强，喜阳，也耐阴。喜湿润且空气湿度较大的环境，也稍耐干旱。要求肥沃、疏松、排水良好的轻质壤土。

散尾葵景观

繁殖栽培

分株繁殖，在生长季节进行，将丛生茎 2~3 株从母株上切下另栽即可。生产上也常用播种繁殖，种子不耐贮藏，宜随采随播，播于沙床或育苗盆，保持湿润，温度在 18℃以上，约 1 个月可发芽。夏季遮阴 50%，冬季可适当增加光照，要注意防寒。

景观特征

叶片张开，裂片细长而略下垂，株形婆娑优美，姿态潇洒自如，是著名的热带观叶植物。

园林应用

株形优美，适应性强，中小型植株可盆栽作室内观赏，大型植株可作庭院绿化栽培。叶片是常用的切叶，做插花艺术素材。

散尾葵株形 ▷

散尾葵景观

散尾葵景观

散尾葵景观

散尾葵景观

富贵椰子

别名：缨络椰子
科属名：棕榈科墨西哥棕属
学名：*Chamaedorea cataractarum*

形态特征

丛生灌木，高1~2m。茎短而粗壮，节密。叶羽状全裂，长50~80cm，先端弯垂，裂片宽1~1.5cm，平展，叶色墨绿，表面有光泽；叶柄腹面具浅槽。肉穗花序于根茎处抽出，果熟时红褐色，近圆形。果期10~12月。

适应地区

原产于澳大利亚新南威尔士洲。世界各地多有引种，我国近年有引种栽培。

生物特性

喜温暖、湿润、半阴的环境，耐阴性强，中小苗在遮光70%~80%的条件下生长良好，较大植株也耐直射阳光。耐寒性较强，在北方地区冬季要注意防寒，0℃以上可安全越冬。

繁殖栽培

播种繁殖，种子寿命短，应随采随播，播种两周即开始发芽。用一般园土或用园土与泥炭混合做基质，在半阴条件下培植。分株繁殖宜于春季进行，将丛生茎以2~3株为一丛从母株上分割开来，另行栽植即可。生长季节适当遮阴，以防光线太强而使叶片变黄。及时剪除枯叶、残叶，以保持植株美观。冬季适当减少浇水量，以利于越冬。

富贵椰子景

景观特征

叶色墨绿，表面有光泽，姿态甚为优美，富有热带情调。

园林应用

可于路边、林缘、树阴下丛植或群植。生长缓慢，茎叶雅致秀美，适宜室内栽培观赏，北方地区仅作盆栽观赏。

*** 园林造景功能相近的植物 ***

中文名	学名	形态特征	园林应用	适应地区
袖珍椰子	*Chamaedorea elegans*	羽状复叶，小叶20~40片，镰刀形，深绿色。肉穗花序腋生，花黄色	同富贵椰子	同富贵椰子
夏威夷椰子	*C. erumpens*	裂片披针形；叶柄下端呈闭合的鞘状抱茎	同富贵椰子	同富贵椰子
雪佛利椰子	*C. seifrizii*	茎蓝绿色，有灰白色小斑点。叶裂片较宽。果蓝黑色，果梗黄色	同富贵椰子	同富贵椰子

袖珍椰子枝叶 ▷

富贵椰子景观

夏威夷椰子株形

夏威夷椰子景观

夏威夷椰子景观

雪花木

别名：二列黑面神
科属名：大戟科黑面神属
学名：*Breynia nivosa*

形态特征

常绿灌木，野生种高可达 3m，但栽培时常 1.5m 左右。小枝似羽状复叶。叶互生，卵形或阔卵形，长 2~2.5cm，排成 2 列，叶缘有白色或乳白色斑点，新叶色泽更加鲜明。花小，极不显眼。品种有彩叶雪花木（cv. Roseo-picta）。

适应地区

原产于南太平洋波利尼西亚群岛。

生物特性

喜高温，耐寒性差，生长适温为 22~30℃。需全日照或半日照，阴暗处时间过长会使植株徒长、株形松散。栽培宜用疏松、肥沃、排水良好的砂质壤土。

雪花木

繁殖栽培

采用扦插繁殖或高压繁殖。在园林应用中，一般采用扦插繁殖，春、秋两季为扦插适期。

雪花木

彩叶雪花木的花、叶 ▷

扦插时，剪取生长健壮的成熟枝条，2~3节为一条插穗，常规管理下一般15天可生根。土壤宜保持一定湿度，遵循间湿间干的浇水原则，春、夏季可施肥2~3次，以稀薄腐熟的豆饼水浇灌。若生长不佳，可适当多施氮肥以促使叶面繁茂，老叶转绿。早春宜适当摘心，去顶芽，促使侧芽发育。注意修剪，使株形紧凑，提高观赏价值。

景观特征

枝叶洁净美观，有较强的景观效果和观赏价值。

园林应用

可在工矿企业、小区、庭院、公园等地结合乔木进行配置，孤植、群植的效果极佳。点缀于林缘、护坡地、路边等地带，远远望去，犹如一条乳白色彩带，给人以赏心悦目的感觉。

雪花木景观

雪花木景观

黄杨

别名：小叶黄杨、瓜子黄杨、豆瓣黄杨
科属名：黄杨科黄杨属
学名：*Buxus sinica*

形态特征

常绿灌木或小乔木，高可达 2m。树皮淡灰褐色，鳞片状剥落。小枝具圆柱形，幼枝四棱，微有短柔毛。叶对生，革质，倒卵状长圆形，先端圆形或微凹，基部楔形，全缘，表面暗绿色，背面黄绿色，两面均光亮。花簇生于叶腋或枝端，黄绿色，无花瓣。蒴果球形。花期 3~4 月，果期 10 月。

黄杨的枝条

适应地区

原产于我国西南、中南地区，长江流域以南多有栽培。

生物特性

喜温暖、湿润，较耐寒，耐干旱，中性偏阴树种，在阳光充足的环境叶色会发黄。要求疏松、肥沃和排水良好的沙壤土。生长慢，寿命长。

繁殖栽培

主要用扦插繁殖和压条繁殖。扦插繁殖以梅雨季节进行最好，选取嫩枝做插穗，10~12cm

黄杨景观

黄杨的果与叶 ▷

长，插后 40~50 天生根。压条繁殖于 3~4 月进行，用二年生枝条压入土中，翌年春天与母枝分离移栽。移植前，地栽应先施足基肥，生长期保持土壤湿润。每月施肥一次，并修剪使树保持一定高度和形状。

景观特征

枝叶繁茂，叶形别致，四季常青。黄杨常被修剪成各种造型，在园林植物景观中别具一格。

园林应用

常用于绿篱、花坛和盆栽，修剪成各种形状，是点缀小庭院的良好材料，也是亚热带、温带区域最常见的景观树种之一。

黄杨景观

黄杨景观

黄杨景观

灰莉

别名：非洲茉莉、华灰莉
科属名：马钱科灰莉属
学名：*Fagraea ceilanica*

形态特征

多年生常绿灌木或小乔木，有时呈攀援状灌木。树皮灰色，枝上有凸起叶痕和托叶痕。叶稍肉质，椭圆形、卵形，长 5~25cm，宽 2~10cm，顶端具小突尖，基部楔形，叶面深绿色，叶面中脉扁平，叶背微凸起；叶柄长 1~5cm。花顶生或组成顶生二歧聚伞花序，花序粗壮，花萼肉质，裂片卵形至圆形；花冠漏斗状，长约 5cm，白色芳香，花瓣倒卵形，长约 3cm，上部内侧有凸起的花纹。浆果卵形或近圆形，长 3~5cm，直径 2~3cm，顶端具尖喙，淡绿色，具光泽。花期 4~8 月，广州地区的夏季花盛开。

灰莉景

适应地区

原产于我国广东、广西、海南、云南和香港、台湾等地，印度、斯里兰卡、缅甸、泰国、越南、老挝、柬埔寨、印度尼西亚等国也有分布。

灰莉景观

生物特性

喜阳光，耐阴、耐寒力较强，在南亚热带地区终年青翠碧绿，长势良好。对土壤要求不严，适应性强，粗生，易栽培。

繁殖栽培

用枝条扦插繁殖或种子播种繁殖，成苗率高。每年春季，可将植株的枝条进行修剪整形，让其萌生新的侧生枝，经过多次修剪，能使枝叶繁茂碧绿、花艳丽芳香、树形矮化，营造优美景观。

景观特征

花大，形似喇叭，初开时白色，稍后渐变为淡黄色，绿叶衬托，相互辉映，甚为秀丽。

园林应用

为庭园绿化美化的优良树种，可孤植点缀或列植于庭园或园林景区内观赏。常做室内和阴地造景植物。

灰莉花序

灰莉地被景观

灰莉花叶

灰莉景观

灰莉景观

灰莉景观

金脉爵床

别名：金鸡腊、金叶木、黄脉爵床
科属名：爵床科黄脉爵床属
学名：*Sanchezia nobilis*

形态特征

直立灌木状，一般植株高 50~80cm。多分枝，茎干半木质化。叶对生，无叶柄，阔披针形，长 15~30cm，宽 5~10cm，先端渐尖，基部宽楔形，叶缘具锯齿，叶片嫩绿色，叶脉橙黄色。夏、秋季开出黄色的花，花为管状，簇生于短花茎上，每簇 8~10 朵，整个花簇被一对红色的苞片包围。

金脉爵床株

适应地区

主要在我国华南地区种植。

生物特性

喜温暖、潮湿的环境，不耐阳光直射。不耐寒，越冬最低温度为 10℃。宜疏松、肥沃的土壤。

金脉爵床景

繁殖栽培

扦插繁殖于早春或秋末进行，保持 20~25℃，用半成熟枝条做插穗，3~4 周即可生根。肥料以磷、钾肥为主，少施氮肥，如氮肥过多则金黄色叶脉会变淡，降低观赏价值。其叶片大而薄，水分消耗较多，对水分比较敏感，所以生长季浇水要适量，使土壤经常保持湿润。经常向叶面喷水，以保持较高的空气湿度。夏季一般需遮阴 50%，冬季可不遮阴。为了保持株形美观，须定期修剪或摘心。

景观特征

叶色深绿，叶脉金黄，花色艳丽，色彩对比明显，观赏性极强。

园林应用

适合庭园、花坛布置，也适合于家庭、宾馆和橱窗摆饰。修剪后可做地被。

金脉爵床景

金脉爵床花序 ▷

*** 园林造景功能相近的植物 ***

中文名	学名	形态特征	园林应用	适应地区
金脉单药花	*Aphelandra squarrosa* cv. Dania	常绿灌木。叶对生，长圆形，两端尖楔，中脉和侧脉为银白色。花序顶生，黄色	同金脉爵床	同金脉爵床

金脉爵床叶形

金脉单药花叶形

金脉爵床条带状景观

珍珠梅

别名：珍珠排
科属名：蔷薇科珍珠梅属
学名：*Sorbaria kirilowii*

形态特征

落叶灌木，高约 2m。枝梢向外开展。奇数羽状复叶，小叶长椭圆状披针形，边缘具重锯齿，下面被毛。圆锥花序，花小，白色；雄蕊 40~50 枚，比花瓣长。果实有毛。种子小，圆形。花期春、夏季。

适应地区

产于华北及华东地区，秦岭一带也有分布。多生于海拔 400~1200m 的山地缓坡或溪流河岸。

生物特性

喜光，耐阴，喜肥沃、湿润的土壤，但也抗寒、耐旱。根萌蘖力很强。

繁殖栽培

可以播种繁殖，但因种子很小，多不采用，一般均用分蘖繁殖或扦插繁殖。栽培容易，管理也简单。只要不积水、不干旱均可生长良好。花后宜将残花剪掉，保持整洁即可。

景观特征

枝叶茂密，姿态秀丽，花序恰似雪球，而未开的花蕾则圆润明亮，宛如颗颗珍珠，堪称花、叶并美。

园林应用

花期可达 3 个月左右，整个夏季均可观赏，东北、华北地区多栽培于窗前、屋后或庭院阴处。

珍珠梅景观

珍珠梅花序 ▷

*** 园林造景功能相近的植物 ***

中文名	学名	形态特征	园林应用	适应地区
东北珍珠梅	*Sorbaria sorbifolia*	植株高大。雄蕊 40~50 枚，并长于花瓣	同珍珠梅	东北地区

珍珠梅景观

珍珠梅景观

卡拉斯榕

科属名：桑科榕属
学名：*Ficus crassifolia*

形态特征

小乔木或灌木状，高达 1~5m。树冠为圆球形，老树常有锈褐色气根。树皮深灰色。叶薄革质，狭椭圆形，长 6~9cm，宽 3~4cm，顶端圆形，具短尾尖，基部楔形，表面浅绿色，有光泽，全缘，侧脉 8~10 对，近平展；叶柄长 5~10mm，无毛；托叶小，披针形，长约 8mm，褐色干枯，宿存枝上，此为不同于其他榕属植物的特点之一。

卡拉斯榕枝条，托叶宿存

适应地区

华南地区少量造景栽培，可以在热带、亚热带地区露地应用，北方可作盆栽观赏。

生物特性

生性强健，喜温暖、湿润气候，喜光照，能耐阴。抗旱，耐贫瘠。适应能力强，对土质要求不严，只要排水良好、黏性不强的土壤均能生长，若土质肥沃，则生长旺盛。生育适温为 20~30℃。

卡拉斯榕景观

繁殖栽培

可用扦插、高压或嫁接繁殖。扦插、高压繁殖育苗快，目前普遍采用。由于生性强健，适应能力强，因此耐粗放管理。需排水良好土壤，幼株每 2~3 个月追肥一次，枝叶疏少应进行修剪或摘心，促使萌发侧枝。

景观特征

灌木状，树冠圆球形，叶色青翠，四季常青，观赏效果好。枝繁叶茂，耐修剪，容易形成优美树形和造型，观赏效果极佳。由于叶片较大，树冠的外形在外观质地上比较粗糙，不够细腻。

园林应用

目前在南方园林少量应用，主要用于庭园布置、绿篱和盆栽。由于耐阴，在园林中可配置于光线不足的场所，也可做室内植物，生长旺盛。

卡拉斯榕果、叶 ▷

卡拉斯榕景观

卡拉斯榕景观

日本桃叶珊瑚

别名：青木、桂叶珊瑚、东瀛珊瑚
科属名：山茱萸科桃叶珊瑚属
学名：*Aucuba japonica*

形态特征

常绿灌木。幼枝粗圆，无毛。叶对生，薄革质，椭圆形至椭圆状披针形，长 8~9cm，先端尖，中上部有疏齿，叶两面光亮；叶柄长约 2cm。圆锥花序顶生，花小，暗绿色。浆果状核果，鲜红色。花期 3~4 月，果熟期 11 月至翌年 1 月。变种有洒金日本桃叶珊瑚（*var. variegata*），叶面密被黄色或白色斑点。本种尚有许多变种，园林中常见的即是此品种。

洒金日本桃叶珊瑚景

适应地区

原产于朝鲜及日本。我国长江流域地区常见应用。

生物特性

喜温暖、湿润和半阴的环境。土壤以肥沃、疏松、排水良好的为好。属耐阴灌木，夏季怕强光暴晒，较耐寒。

繁殖栽培

扦插繁殖极易成活，也可用播种繁殖，种子采后即播，发芽较迟，苗期生长缓慢，移栽宜在春季或雨天进行。夏季保持土壤湿润和遮阴。每月施肥一次，秋季增施复合肥 1~2 次。通过修剪可以控制株形。

日本桃叶珊瑚景观

洒金日本桃叶珊瑚景

酒金日本桃叶珊瑚叶特写 ▷

景观特征

叶色青翠光亮，密有黄色斑点，冬季时呈深红色，果实鲜艳夺目。

园林应用

为园林观赏、环境绿化和抗污染树种，尤其对烟尘和大气污染抗性强，适宜在庭院、池畔、墙隅和高架桥下点缀。盆栽适宜于室内厅堂陈设。

酒金日本桃叶珊瑚景观

酒金日本桃叶珊瑚景观

＊ 园林造景功能相近的植物 ＊

中文名	学名	形态特征	园林应用	适应地区
桃叶珊瑚	*Aucuba chinensis*	小枝绿色，粗壮，有毛。叶长椭圆形，两面有光泽	应用于林地、林缘以及建筑物背阴处、中庭。在强光下也生长正常	亚热带地区

八角金盘

别名：八手
科属名：五加科八角金盘属
学名：*Fatsia japonica*

形态特征

常绿灌木或小乔木，高可达 5m。茎光滑无刺。叶近圆形，横径 12~30cm，掌状 7~9 深裂，裂片长椭圆状卵形，顶端短渐尖，边缘有疏浅齿，表面深绿色，无毛，背面淡绿色，有粒状凸起，边缘有时呈金黄色。圆锥状聚伞花序顶生，花两性、黄白色。果实球形。花期 10~11 月，果熟期翌年 4 月。品种有白边八角金盘（cv. Alba-marginata）、白斑八角金盘（cv. Alba-variegata）、黄纹八角金盘（cv. Aureo-reticulata）、黄斑八角金盘（cv. Aureo-variegata）、裂叶八角金盘（cv. Lobulata）、波缘八角金盘（cv. Undulata）等。

八角盘枝叶

适应地区

长江流域庭园中多有栽培，做观赏植物。

生物特性

性耐阴，喜冷凉，生育适温为 13~23℃。夏季力求阴凉通风。华南地区平地越夏困难，中海拔冷凉地区栽培为佳。栽培以腐殖质壤土最佳。

八角金盘景观

繁殖栽培

常用播种、分株、扦插繁殖。播种繁殖，5 月果熟后可边采边播，当年生小苗冬天需防寒。扦插繁殖常于 2~3 月用硬枝扦插，或在梅雨季节用嫩枝扦插。苗高 20~30cm 时需摘心，促使分枝，达到株矮叶茂。植株长得过大后，基部叶片易老化脱落，可截顶，促使基部萌发新茎叶，并可压低株高。

景观特征

叶片光洁亮丽，叶色浓绿有光泽，株形挺直洒脱，四季郁郁葱葱。

园林应用

适宜配植于庭院、门旁、窗边、墙隅及建筑物背阴处，也可点缀在溪流、河水旁，还可成片群植于草坪边缘及林地，也可盆栽观赏。

八角金盘花序 ▷

八角金盘果实

八角金盘景观

八角金盘景观

鹅掌藤

别名：鹅掌柴、鸭脚木
科属名：五加科鹅掌柴属
学名：*Schefflera arboricola*

形态特征

常绿灌木或小乔木，高约 1m。枝较粗，初有星状毛。叶绿色有光泽，掌状复叶，互生，小叶 5~8 片，长椭圆形或倒卵状椭圆形，革质，全缘。伞形花序，花小，白色，芳香。花期 11~12 月。品种有花叶鹅掌柴（cv. Variegata）、美斑鹅掌柴（cv. Jacqueline）。

鹅掌藤叶特写

适应地区

原产于我国南部热带地区，现全国各地广泛栽培。

生物特性

喜光，喜温暖、湿润和温度稍高的环境，忌夏季日光直射，有较强的耐阴力。生长适温为 20~30℃，低于 5℃时植株易受冻害。耐修剪。稍耐瘠薄，喜生于空气湿度大、土层深厚而肥沃的酸性土壤中。

繁殖栽培

春、秋两季可用扦插繁殖，保持室温 25℃和湿润，1 个月生根。播种后保持温度在 20~25℃，2~3 周出苗。容易萌发徒长枝，应随时剪除，以保持优美株形。春季对幼株进行轻剪造型，对老株进行重剪，有利萌发新枝新叶，使株形、叶色得以调整。

景观特征

鹅掌状叶浓绿而有光泽，四季常青，株形优雅，枝叶层层叠叠，极富层次感和立体感。

园林应用

在南方是极好的彩叶绿篱和林下景观材料。大型盆栽或柱式栽植可作室内绿化摆设，也可做插花配叶。

＊园林造景功能相近的植物＊

中文名	学名	形态特征	园林应用	适应地区
新西兰鹅掌藤	*Schefflera digitata*	小叶 5~10 片，长卵圆形，深绿色，新叶淡绿色带褐色。花淡紫色。果紫黑色	同鹅掌藤	同鹅掌藤
长穗鹅掌藤	*S. macrostachya*	幼叶 3~5 片，成熟株可多至 16 片小叶；小叶长椭圆形，深绿色有光泽。花鲜红色	同鹅掌藤	同鹅掌藤
斑叶鹅掌柴	*S. odorata* cv. Variegata	叶绿色，叶面具不规则乳黄色至浅黄色斑块；小叶柄也具黄色斑纹	同鹅掌藤	同鹅掌藤
星叶鹅掌柴	*S. venulosa*	掌状复叶，小叶 7~8 片披针形，深绿色	同鹅掌藤	同鹅掌藤
南洋鹅掌藤	*S. elliptia*	掌状复叶，小叶椭圆形，顶端尾尖	同鹅掌藤	同鹅掌藤

斑叶鹅掌柴花枝 ▷

鹅掌藤景观

南洋鹅掌藤景观

斑叶鹅掌柴景观

斑叶鹅掌柴景观

斑叶鹅掌柴景观

美斑鹅掌藤景观

美斑鹅掌藤景观

金粟兰

别名：珠兰、鱼子兰、茶兰
科属名：金粟兰科金粟兰属
学名：*Chloranthus spicatus*

金粟兰花序 ▷

形态特征

常绿亚灌木，高约 60cm。直立或稍披散，老株基部稍木质化，茎节明显。叶对生，边缘钝齿，齿尖有腺体。穗状花序多顶生；花小，两性，不具花被，黄绿色，雄花 3 朵，香气浓烈。核果球形、绿色。花期 9~10 月。

金粟兰景观

适应地区

分布于我国南部，各地普遍栽培。

生物特性

喜温暖、湿润、阴蔽的环境和肥沃的土壤。生长适温为 20~25℃，冬季保持 10℃以上，在华东地区须盆栽，冬季要在温室越冬。

金粟兰景观

繁殖栽培

春、秋季分株繁殖或压条繁殖。全年防止阳光直射，炎热季节需遮阴，注意通风、松土，开花前后施液肥及少量过磷酸钙，花后适当修剪。

景观特征

植株低矮，枝叶青翠、发亮，花小似米兰，花香似墨兰。耐阴性强，是阴地造景的良好小型植物。

园林应用

华南地区露地栽培，配植于坡地或林下，作阴地地被、镶边种植，均较适宜。我国中部、北部地区适宜盆栽。

＊园林造景功能相近的植物＊

中文名	学名	形态特征	园林应用	适应地区
草珊瑚	*Chloranthus glaber*	茎节膨大。花黄色至绿黄色。果红色	同金粟兰	同金粟兰
丝穗金粟兰	*C. fortunei*	茎圆柱形，无毛。叶对生，常 4 片，很少 6 片，卵状椭圆形	同金粟兰	同金粟兰

圆叶福禄桐

别名：圆叶南洋参
科属名：五加科南洋森属
学名：*Polyscias balfouriana*

形态特征

常绿灌木或小乔木，高 5~8m。通常少分枝，茎干表面密布明显的皮孔。叶互生，奇数羽状复叶，小叶叶数和叶形变化甚大，小叶卵圆形至圆形，边缘有浅锯齿，基部心形具短柄，叶片绿色。伞形花序成圆锥状，花小而繁，绿色。品种有银边圆叶福禄桐（cv. Marginata）、黄斑圆叶福禄桐（cv. Jennockii）、锦斑福禄桐（cv. Varigetata）。

适应地区

原产于热带地区，主要分布于南太平洋和亚洲东南部的群岛上。

生物特性

喜明亮的光照，喜温暖，不耐寒，喜湿润。生长适温为 22~28℃，越冬温度为 10℃。对土壤要求不高，但以疏松、富含腐殖质的砂质壤土为佳。

圆叶福禄桐株形

繁殖栽培

主要用扦插繁殖。可在早春剪取 8~10cm 的一至二年生枝条做插穗，去掉枝条下部大部分叶片，保持较高的空气湿度和基质湿润。在温度为 20~25℃时，3~4 周左右即可生根，枝叶逐渐开始生长，到初夏便可移植上盆。夏、秋季遮光 50%，其他季节保证有明亮

*** 园林造景功能相近的植物 ***

中文名	学名	形态特征	园林应用	适应地区
福禄桐	*Polyscias guilfoylei*	常绿灌木。1 回羽状复叶，小叶钝头，基部楔形，边缘近全缘	同圆叶福禄桐	同圆叶福禄桐
羽裂福禄桐	*P. fruticosa*	常绿灌木。2 回羽状复叶，小叶渐尖头，基部楔形，边缘具尖锯齿	同圆叶福禄桐	同圆叶福禄桐
蕨叶福禄桐	*P. filicifolia*	常绿灌木。2~3 回羽状复叶，小叶渐尖头，羽裂，基部楔形，边缘近全缘	同圆叶福禄桐	同圆叶福禄桐

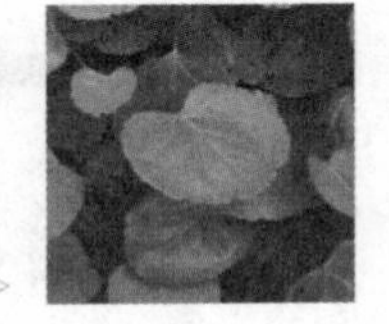
圆叶福禄桐叶特写 ▷

的光线。喜湿润，但忌浇水过多及积水，所以除了生长旺季给予较充足的水分外，其他季节应保持间干间湿，尤其秋末到冬季要控制浇水量，以利其抗寒越冬。

景观特征

枝条细软，叶色斑驳多彩、株形柔和优美，是较理想的观叶植物。

园林应用

可盆栽、丛植，用于绿篱和庭园绿化，是阴地和室内绿化造景的好材料。

花叶圆叶福禄桐景观

蕨叶福禄桐叶特写

羽裂福禄桐叶特写

孔雀木

别名：手树
科属名：五加科孔雀木属
学名：*Dizygotheca elegantissima*

形态特征

常绿灌木或小乔木状，高可达3m。叶革质，互生，掌状复叶，小叶5~9片，条状披针形，长7~15cm，宽1~1.5cm，边缘有锯齿或羽状分裂，幼叶紫红色，后成深绿色。品种有镶边孔雀木（cv. Castor Variegata）。

适应地区

原产于太平洋的波利尼亚群岛，我国台湾、广东、福建、海南等地已有引种栽培。

生物特性

喜温暖、湿润的环境，平时要求明亮的光照，但不耐阳光直射，稍耐阴。耐寒性不强，冬季温度不低于5℃。土壤以肥沃、疏松的壤土为好。

繁殖栽培

常用扦插繁殖。4~5月选取萌蘖枝，插条长10cm，插后约30天可生根。生长期保持土壤湿润，夏季缺水、干燥，冬季过湿都会引起落叶。盛夏季节多在叶面喷水，每半月施肥一次。植株生长过高时，进行整枝修剪，保持优美株形。

景观特征

树形和叶形优美似图案，叶片为掌状复叶，紫红色，小叶羽状分裂，迎风摇曳，颇为优雅。为名贵的观叶植物。

园林应用

此类植物性耐阴，可庭植美化或盆栽做室内植物，庭园栽培老株成熟的叶片逐渐变大。

镶边孔雀木叶形

孔雀木景观

孔雀木叶形 ▷

孔雀木景观

南天竹

别名：天竺、蓝天竹
科属名：小檗科南天竹属
学名：*Nandina domestica*

形态特征

常绿灌木，高约 2m。茎直立，少分枝，幼枝常红色，总叶轴上有节。2~3 回羽状复叶互生，各级羽片全对生，小叶 3~5 片，全缘，革质，近无柄，椭圆状披针形，顶端渐尖，基部阔楔形，全缘，长 3~10cm，深绿色，秋后常变红色，两面光滑无毛。圆锥花序顶生，长 20~35cm; 花白色; 萼片和花瓣多轮，每轮 3 枚，外轮较小，卵状三角形，内轮较大，卵圆形。浆果球形，鲜红色，偶有黄色。花期 5~7 月，果期 8~10 月。

适应地区

我国各地广为栽培。

生物特性

喜温暖、多湿及通风良好的环境，喜弱光，忌烈日直射，较耐阴蔽和水湿，不耐干旱。土壤以排水良好的中性壤土最适合，能耐微碱性的土壤。对气候的适应性颇强，秦岭及淮河以南地区可露地越冬。黄河流域带一应选择背风向阳处，尚可在露地栽植，一般多用盆栽，冬季移入室内。华南南部夏、秋季宜在庇阴下生长。

南天竹枝叶

繁殖栽培

可播种、分株和扦插繁殖。播种繁殖，可于果实成熟时随采随播，也可春播。分株繁殖宜在春季芽萌动前或秋季进行。扦插繁殖，以新芽萌动前或夏季新梢停止生长时进行为好。结合 4~5 月间分株，修剪整形，剪除枯枝及不平整的枝条，保持植株整齐。

景观特征

枝干挺拔如竹，羽叶开展而秀美，秋、冬时节转为红色，异常绚丽，穗状果序上红果累累，鲜艳夺目。

园林应用

宜地植于天井、庭院或建筑物基础等处，园林中常与山石、沿阶草、杜鹃等配植。

南天竹株形

南天竹花序 ▷

南天竹景观

南天竹景观

南天竹景观

南天竹景观

南天竹景观

绣球花

别名：八仙花、紫阳花
科属名：虎耳草科绣球属
学名：*Hydrangea macrophylla*

形态特征

灌木，高 1~4m。茎常于基部发出多数放射枝而形成一圆形灌丛。叶对生，纸质或近革质，倒卵形或阔椭圆形，两面无毛或仅下面中脉两侧被稀疏卷曲短毛；叶柄粗壮，无毛。伞房状聚伞花序近球形，具短的总花梗，花密集，多数不育；花瓣长圆形，粉红色、淡蓝色或白色，近等长，不凸出或稍凸出，花药长圆形，长约 1mm；子房半下位，花柱 3 枚，柱头稍扩大，半环状。蒴果未成熟，长陀螺状，连花柱长约 4.5mm。花期 6~8 月。变种有蓝边八仙花（*var. coerulea*），边缘的花为蓝色或白色；齿瓣八仙花（*var. macrosepala*），花白色，花瓣边缘具牙齿；紫茎八仙花（*var. mandshurica*），茎暗紫色或近于黑色；镶边野绣球（*var. normalis* cv. Variegata）。

镶边野绣球株形

适应地区

产于山东、江苏、安徽、浙江、福建、河南、湖北、湖南、广东及其沿岸岛屿、广西、四川、贵州、云南等省区。生于海拔 380~1700m 的山谷溪旁或山顶疏林中。

生物特性

喜温暖气候，对寒冷的耐受性不强。喜阴，不耐强光照射。喜湿润、富含腐殖质而排水

绣球花景观

绣球花景

绣球花花序 ▷

良好的壤土，耐旱性不强；土壤酸碱度对花色的影响较大，一般pH值4.0~6.0时为蓝色，pH值在7.0以上则为红色。萌蘖能力强，在寒冷地区，地上部分冬季枯死，翌春从根颈萌发新梢。

繁殖栽培

用分株、压条、扦插繁殖均可。分株繁殖宜在早春萌发前进行。压条繁殖可在梅雨期前进行，1个月后可生根。扦插繁殖，除冬季外随时可以进行，插后要半遮阴，并保持湿度。以肥沃的腐殖质壤土为佳，排水需良好，日照60%~70%即可。每1~2月施有机肥一次。栽培应选择庇阴处，经常保持土壤湿润。寒冷地区可盆栽，需在5℃以上室内越冬。花谢后需及时将枝端剪短，以促进分生新枝。

景观特征

开花时节，花团锦簇，数十朵聚成球状，宛如大绣球。花色既有蓝也有红，酸性土花多蓝色，碱性土花多红色，鲜艳瑰丽，令人悦目怡神。

园林应用

宜栽植在林丛、林缘或门庭，点缀在日照短的湖边、池畔、庭院。在南方温暖地区配植于假山、山坡之间，或列植成花篱、花境，也可用于盆栽，供室内欣赏，且适于厂矿绿化。

绣球花景观

洋绣球景观

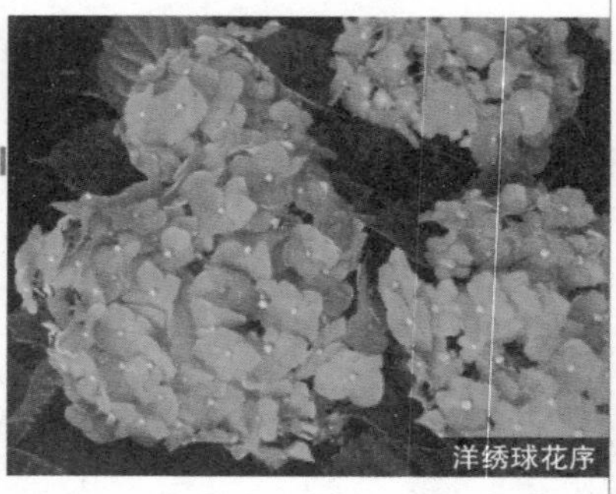
洋绣球花序

洋绣球花序

洋绣球景观

东方紫金牛

别名：山猪肉、兰屿紫金牛、春不老、万两金
科属名：紫金牛科紫金牛属
学名：*Ardisia squamulosa*

形态特征

常绿灌木或小乔木，高达 2m。全株光滑。单叶互生，叶肉质，倒卵形至倒披针形，长 6~12cm，宽 3~5cm，先端钝至锐形，基部楔形，全缘。伞形花序，近顶生或腋生，花枝基部膨大或具关节；花萼圆形，被腺点及缘毛；花冠淡红色至白色，5 裂，裂片阔卵形，被腺点；雄蕊 5 枚；子房 1 室。扁球形浆果，熟时紫黑色，平滑，具极小的腺点。花期 3~5 月。

适应地区

我国台湾引种栽培，分布于亚洲南部和马来西亚至菲律宾。

东方紫金牛景观

东方紫金牛果

东方紫金牛花序

生物特性

生性强健，耐风，耐阴，抗瘠。不择土质，但以砂质壤土为宜。

繁殖栽培

播种繁殖，种子发芽适温为 18℃，也可剪嫩枝扦插繁殖。夏、秋季要求水分充足，通风良好，保持半阴。及时摘心，以促进分枝。

景观特征

全株整洁，新芽长出时为红褐色，与绿叶相衬，极为明显。终年常绿，果实紧凑鲜艳，是常见的观赏植物。

园林应用

适宜做绿篱、庭园绿化或大型盆栽。

百合竹

别名：短叶竹蕉
科属名：龙舌兰科龙血树属
学名：*Dracaena reflexa*

形态特征

常绿灌木或小乔木，高可达 1~9m。叶成簇生长于枝条上部，叶片线形或披针形，顶端渐尖，全缘，叶长 12~22cm，宽 1.8~3cm，叶色碧绿而有光泽。花序单生或分枝，小花白色。品种有金心百合竹（cv. Song of Jamaica）、黄边百合竹（cv. Variegata）。

黄边百合竹叶特写

适应地区

原产于马达加斯加，现作为观叶植物在我国广泛栽培。

生物特性

喜温暖、湿润、半阴的环境，耐旱，也耐湿，不耐寒，怕烈日曝晒，生长适温为 20~28℃。冬季干冷的空气容易引起叶尖干枯，宜移至温暖避风处越冬。适合在含腐殖质丰富的沙壤土中生长。株高可达 1~9m，长高后茎干容易弯斜，适合盆栽。

金心百合竹叶形

繁殖栽培

可用播种或扦插繁殖，大量繁殖可用播种繁殖，春至夏季为播种适期，发芽及发根适温为 20~25℃。栽培处全日照或半日照均能成长，但通常在半阴处日照 50%~70% 生长最理想。排水力求良好。施肥可用有机肥料或复合肥，可使叶片更为美观。

景观特征

植株常为灌木状丛生，株形美观，潇洒飘逸，耐阴性强。花叶品种效果更好。

园林应用

生长较缓慢，极适合庭园栽培或盆栽做室内植物。茎叶是高级的插花材料。

＊园林造景功能相近的植物＊

中文名	学名	形态特征	园林应用	适应地区
狭叶龙血树	*Dracaena angustifolia*	叶线形，下垂，较细长，长渐尖	同百合竹	同百合竹

金心百合竹叶特写 ▷

黄边百合竹景观

金心百合竹景观

狭叶龙血树景观

富贵竹

别名：仙达龙血树
科属名：龙舌兰科龙血树属
学名：*Dracaena sanderiana* var. *virescens*

形态特征

常绿灌木，高可达 2m。茎干较细，直立不分枝，茎上有圆形叶痕，外形似竹。叶互生，青翠，形如竹叶，披针形，长 10~15cm，宽 1.5~2.5cm；叶柄下部抱茎。富贵竹的品种主要有原种金边富贵竹（*Dracaena sanderiana*）、相近变种银边富贵竹（var. *variegata*）两种。

适应地区

原产于加那利群岛及非洲和亚洲热带地区。

生物特性

起源于热带，喜热，不耐寒，15℃以下则生长停止，5~6℃以下受寒害。广州、南宁以南可露地安全越冬。夏、秋季高温多湿季节，对富贵竹生长十分有利，是其生长最佳时期。对光照要求不严，适宜在明亮散射光下生长，光照过强、曝晒会引起叶片变黄、褪绿、生长慢等现象。地栽要求土壤有机质丰富，土地湿润，排水性好。盆栽基质可用混合基质加入磷酸钙做基肥。

繁殖栽培

扦插繁殖，春末夏初在 20℃以上时，用 10~15cm 长的顶芽做插穗，最容易成活而且长势快。用 3~4 节中下部茎做插穗，插入沙床，20 天生根发芽。保持土壤湿润，勿干旱。追肥用复合肥比较好，氮肥过多容易引起徒长。生长阶段应遮阴 50% 以上。

金边富贵竹景观

金边富贵竹景观

金边富贵竹 ▷

景观特征

叶深绿色，株形矮小，似竹非竹，挺拔高雅，常年不衰，誉为富贵竹。原种叶边具黄色条纹，银边变种叶边具有白色条纹。

园林应用

在庭园、建筑背阴处、疏林下和林缘配置景观效果好，在阳光直射环境造景也能生长，但叶色较差。

银边富贵竹景观

金边富贵竹景观

鳞秕泽米铁

别名：美叶凤尾蕉、糠叶美洲苏铁、南美苏铁
科属名：苏铁科
学名：*Zamia furfuracea*

形态特征

植株高 15~20cm。单干或偶有分枝，有时呈丛生状，粗枝，圆柱形，表面密被暗褐色的叶痕，在多年生的老干基部茎盘处，由不定芽萌发而长出幼小的萌蘖，称为吸芽，地下为肉质的须根系。叶为大型偶数羽状复叶，生于茎干顶端，叶长 60~120cm，硬革质；叶柄长 15~20cm，疏生坚硬小刺；羽状小叶 7~12 对，羽片长椭圆形，两侧不等，基部 2/3 处全缘，上端密生小钝锯齿，顶部钝渐尖，边缘背卷，无中脉，叶背可见明显凸起的平行脉纹 40 条，由基部直达叶尖。雌雄异株，雄花序松球状，长 10~15cm，雌花序似掌状。

鳞秕泽米铁叶形

鳞秕泽米铁株形

适应地区

原产于墨西哥，我国华南地区园林造景有应用，北方多作盆栽观赏。

生物特性

喜光，耐半阴，在温暖、湿润和通风良好的环境下生长良好。耐旱、耐寒能力强，当气温下降到 2~3℃时，仍绿叶青翠。生长极慢，在正常情况下，茎干每年长 1~2cm。

繁殖栽培

可采用播种、分割吸芽繁殖。播种繁殖，用点播法，覆土约 3cm，在 30~33℃高温下易发芽。分割吸芽繁殖宜在早春 3~4 月进行，切割时须小心，尽量少伤茎皮，切口涂上草木灰或硫黄粉，待切口稍干后，栽在含粗沙较多的腐殖土盆内，浇水后放半阴处培养，温度保持在 27~30℃很易成活。盆栽时，盆底排水孔稍加大，并多垫瓦片，以利排水。春、夏季是旺盛生长期，要多浇水，早、晚要在叶面喷水，保持叶色翠绿。炎夏烈日时，气温高，宜放半阴处，若阳光直射会使叶片变黄而失去光泽。每月可根施淡液肥 1~2 次，或在叶面喷施，入秋后要控制水量，使土壤湿润即可。

景观特征

植株低矮，叶丛生，披散呈半球形，株形优美，终年青翠。

园林应用

园林中常孤植、丛植造景，也常与置石配置。终年翠绿，是布置庭园和装饰室内的佳品。

鳞秕泽米铁雌球花▷

鳞秕泽米铁景观

鳞秕泽米铁景观

红刺露兜树

别名：红刺林投
科属名：露兜树科露兜树属
学名：*Pandanus utilis*

形态特征

常绿乔木，株高 15~20m，株幅 2~4m，主干分枝，但较少，具粗壮气生支柱根。叶革质带状，螺旋状上升，长 1.5~2m，宽 5~6cm，绿色，叶缘和背中脉有红色锐刺。花单性异株，雌雄异株，雌花序球状。聚花果椭圆形，长 20cm。花期夏季。

适应地区

原产于非洲，热带地区广泛栽培。华南地区应用较多。

生物特性

喜高温、湿润和阳光充足。不耐寒，稍能耐阴，怕干旱。生长适温为 18~32℃，生长最低温度为 13℃，气温下降至 10℃时植株停止生长，冬季能耐 5℃低温。要求排水良好、富含有机质的砂质壤土。

红刺露兜树株形

红刺露兜树景观

繁殖栽培

多用分株繁殖。4~5 月间切下母株旁生长的子株，插于砂土中，待充分生根后种植。也可用水苔包扎基部，保持湿润，生根后种植。生长期每隔 2 周施一次稀释氮肥。高温、多湿时常见叶斑病危害，可用 65% 代森锌可湿性粉剂 600 倍或 75% 百菌清可湿性粉剂 1000 倍液喷洒。

景观特征

植株全年常绿，叶片清秀雅致，狭长而具有尖锐叶缘，十分锋利。气生根非常发达，入土后成为粗壮的支柱根群，景观奇特。叶片密集排列螺旋上升，十分美观。

园林应用

喜阳，耐阴，可用作庭院、道路绿化，孤植、丛植均适宜。植株优美，是良好的观叶花卉，盆栽可用于厅堂、客室，具有较强的绿意，观赏性强。

香露兜树叶特写 ▷

＊园林造景功能相近的植物＊

中文名	学名	形态特征	园林应用	适应地区
斑叶露兜树	*Pandanus veitchii*	叶片及边缘有白色纵纹。要求在较弱光线下栽培。越冬温度不可低于 15℃	同红刺露兜树	华南地区
金边露兜树	*P. sanderi*	幼叶金黄色，成熟叶绿色，中脉两侧散生不规则金黄色纵向条纹	同红刺露兜树	华南地区
矮露兜树	*P. pygmaeus*	高 30~60cm，茎分枝多。叶细长，长 30~60cm，宽 1cm。有花叶品种	地面覆盖	华南地区
短叶露兜树	*P. dubius*	叶长椭圆形，密集，长 30~50cm，宽 7~10cm，有细锯齿	小型植物，庭院装饰	华南地区
金道露兜树	*P. baptistii*	叶莲座状排列，叶片蓝绿色，中脉两侧具黄色纵纹	同露兜树	华南地区
香露兜树	*P. odorus*	高 30~70cm，丛生。叶剑形，长 20~40cm，宽 3~5cm，无刺，有香气	阴地，庭院、林下绿化	华南地区
露兜树	*P. tectorius*	常绿多年生灌木，高 3~6m。叶革质带状，边缘具刺	阴地，庭院、林下绿化	华南地区

露兜属景观

斑叶露兜树叶特写

斑叶露兜树景观

斑叶露兜树景

短叶露兜树景观

香露兜树景观

露兜树的果

金边矮露兜景观

竹蕉

别名：银边巴西铁
科属名：龙舌兰科龙血树属
学名：*Dracaena deremensis*

形态特征

常绿灌木，高 1m 以上。茎干直立，叶长剑形，微波缘，叶片密集，簇生于茎顶，茎顶新叶呈螺旋状卷曲，叶面具有多种纵条纹（因品种而异）。顶生圆锥花序，花淡黄色。银线竹蕉（cv. Warneckii）、密叶银线竹蕉（cv. Warneckii Compacta）、黄绿纹竹蕉（cv. Roehrs Gold）、缟叶竹蕉（cv. Warneckii Striata）、月光竹蕉（cv. Lemon Lime）、白纹竹蕉（cv. Longii）、密叶竹蕉（太阳神）（cv. Compacta）等均为竹蕉的常用品种，有 10 种左右，多以叶片花纹区分。

适应地区

原产于亚洲及非洲的热带地区。

生物特性

喜高温、多湿，生育适温为 20~28℃。空气湿度高有利于生长。气温在 15℃以下时，盆栽要移至温暖、避风处，强风或空气干燥易导致叶尖枯焦。需较强的光照，但忌强烈的日光直射。

繁殖栽培

扦插繁殖，春至夏季为繁殖佳期。剪取茎顶或中熟枝条，每段 10cm，扦插于以河砂 50%、细蛇木屑 50% 调制的培养土中，接受日照 50%~70%，保持高湿度，约 20 天能发根。2 周施一次有机液肥，新叶萌发时需向叶面喷水。下部叶片枯死后应经常清理。

景观特征

植株小型，株形优美大方，叶面色彩美丽，既可观叶又可观形。景观色彩明亮，在阴地环境能提高景观的亮度。

园林应用

此类植物耐旱、耐阴，可用于庭园美化，常成片或成丛种植。它是室内盆栽植物的上品，茎叶是插花高级素材。

金边竹蕉叶特写

金边竹蕉景观

密叶竹蕉叶特写 ▷

银线竹蕉叶特写

银线竹蕉景观

金边竹蕉景观

密叶竹蕉（太阳神）景观

龙舌兰

别名：番麻
科属名：龙舌兰科龙舌兰属
学名：*Agave americana*

形态特征

多年生肉质植物。地下具有直立粗壮的根茎，地上茎极短，由叶基抱合而成。叶片轮状互生，排列紧密，叶肉质而厚，长剑形，最长可达1m以上，先端渐尖，叶灰绿色，上被白粉，表面有很厚的蜡质层，内含大量纤维和水分。花两性，雌雄同株，多年生老株才能开花；花葶自叶丛抽出，高5~8m，由多花组成圆锥花序。品种有金边龙舌兰（cv. Marginata）、银心龙舌兰（cv. Mediopicta）。

适应地区

原产于美洲较干燥地区，我国各地广泛栽培。

生物特性

生性强健，较耐寒，在5℃低温下仍能生长，也耐高温和暑热。喜光，也能耐阴，为中性植物。在我国华南亚热带地区栽培时可耐充足的阳光，但不耐北方旱季的烈日曝晒，否则叶面会出现枯黄的斑块。要求排水良好的砂质壤土，耐干旱，不耐水涝，能耐轻碱和弱酸，在肥沃、湿润的土壤中生长最好。

繁殖栽培

常用分株法繁殖。地下根茎上的不定芽每年都能萌发，形成幼小的根蘖苗，株丛越大，抽生的根蘖苗越多。繁殖时可将它们与母株分开栽种。生长期间可每月施肥一次。耐旱力强，需水不多，浇一次透水后，须待土干透再浇水，若土壤积水，常引起腐烂。庭园栽培成株后，随时剪除茎下部老叶，以促进萌发新叶，使植株长高。

金边龙舌兰景观

景观特征

叶片坚挺美观，四季常青，能增添热带气息，再现沙漠风光。具阳刚之气，不同于大多数阔叶植物的柔和气质。

园林应用

生性强健，耐旱、耐强光，也能配置于无阳光直射的明亮环境处（如中庭）。园艺品种较多，是庭园造景的好材料，体型大者可单株栽于庭院中，也可成行栽于花境中，尤其是搭配多肉植物可以营造沙漠景观。幼龄植株或体型较小者可盆栽供居室、会议室和办公室陈设。

＊园林造景功能相近的植物＊

中文名	学名	形态特征	园林应用	适应地区
挺拔龙舌兰	*Agave* sp.	叶密集，叶片不平展，沟槽状，叶色灰绿	同龙舌兰	同龙舌兰
翠绿龙舌兰	*A. attenuata*	植株较小，叶片平展，翠绿色到深绿色	同龙舌兰	同龙舌兰

挺拔龙舌兰株形 ▷

翠绿龙舌兰景观

翠绿龙舌兰株形

挺拔龙舌兰景观

万年麻

科属名：龙舌兰科万年兰属
学名：*Fucraea foetida*

形态特征

常绿灌木，高可达1m，大型肉质植物。茎不明显。叶呈放射状生长，叶多而密，剑形，叶缘有刺，波状弯曲，长 80~100cm，宽 15~20cm。斑叶品种无刺或有零星刺，叶面有乳黄色和淡绿色纵纹。品种有黄纹万年麻（cv. Striata），叶面有乳黄色纵纹；中斑万年麻（cv. Mediopicta），叶幼时具乳黄色纵纹，后变灰绿、灰白色；金边万年麻（cv. Variegata），叶具黄边。

金边

适应地区

北回归线以南地区有栽培。

生物特性

喜光，也耐半阴，在强光下也生长旺盛。耐热、耐旱，抗风、抗污染，移植容易。生育适温为 22~30℃。华东地区栽植需在温室越冬。

万年麻

繁殖栽培

可用分株或采取花梗上的芽体繁殖。成株能在基部发出萌蘖，分开种植即可。生性强健，生长缓慢，管理粗放，不需常修剪。

景观特征

成株半圆球形，生机勃勃，简洁有力，造型独特。

园林应用

可用于大型盆栽及花坛美化，也适合于庭园单植、群植，是管理方便的上等造园观叶植物。

万年麻株形

万年麻景观

金边万年麻花后花葶上形成的众多幼株

万年麻景观

朱蕉

别名：千年木、红竹
科属名：龙舌兰科朱蕉属
学名：*Cordyline fruitcosa*

形态特征

常绿灌木，高可达 4m。茎干直立。叶形依品种而异，有长椭圆形、线形、卵形或披针形，叶先端尖，全缘，丛生于茎干顶端，紫红色或彩色条纹。成株能开花，圆锥花序，顶生，小花管状，白色或粉紫色，花后能结红色小浆果。品种有紫叶朱蕉（cv. Purplecompacta）、翡翠朱蕉（cv. Crystal）、二色朱蕉（cv. Bicolor）、彩纹朱蕉（cv. Tricolor）、银边翡翠朱蕉（cv. Youmeninsihiki）、亮叶朱蕉（cv. Aichiaka）、红边朱蕉（cv. Red Edge）、细叶朱蕉（cv. Bella）、斜纹朱蕉（cv. Baptistii）。

适应地区

我国华南地区可露地栽培，长江流域和北方城市作温室栽培。

生物特性

喜温暖、湿润和阳光充足的环境。不耐寒，怕涝，忌烈日暴晒。生长适温为 20~25℃，冬季不能低于 4℃。以肥沃、疏松和排水良好的砂质壤土为宜，不耐盐碱和酸性土。

繁殖栽培

常用扦插、压条繁殖。春、秋两季为适期，剪取茎顶或中熟茎干，长 8~10cm，带 5~6 片叶，剪短，插入沙床，保持土壤湿润，适温为 24~27℃，约 30 天可生根。朱蕉对水分的反应比较敏感。生长期土壤必须保持湿润，缺水易引起落叶，但应防止积水。茎叶生长期需经常喷水，保持 50%~60% 空气湿度。对光照的适应能力较强，明亮光照对朱蕉生长最为有利。主茎越长越高，基部叶片逐渐枯黄脱落，可通过短截，促其多萌发侧枝，侧树冠更加美观。

朱蕉株形

景观特征

主茎挺拔，姿态婆娑，株形美观，色彩华丽高雅。披散的叶丛形如伞状，叶色斑斓，极为美丽。

园林应用

常布置于花坛、花境、草坪、路边及会场、厅堂、客厅及其他公共场所，北方盆栽布置于阳台、窗台等处，也常做插花配材。

朱蕉花序 ▷

朱蕉景观

红边朱蕉株形

亮叶朱蕉叶特写

银边翡翠朱蕉叶特写

细叶朱蕉景观

紫叶朱蕉

亮叶朱蕉

斜纹朱蕉景观

艳红朱蕉叶特写

艳红朱蕉景观

绿叶朱蕉（青铁）景观

其他阴地植物简介

中文名	别名	学名	科名	形态特征	生物特征	园林应用	适应地区
兰花蕉		*Orchidantha chinensis*	芭蕉科	多年生草本。根茎横生。叶2列，椭圆状披针形。花紫色，苞片长圆形，萼片长圆披针形。蒴果卵圆形	喜温、喜湿，耐阴。多生于枯落叶层较厚、土壤深厚、肥沃、排水良好的沟谷山坡	可孤植、丛植于林下、林缘	热带、亚热带地区广泛应用
宽叶韭	苤菜、大叶韭	*Allium karataviense*	百合科	具鳞茎。叶基生，线形，分为叶鞘及叶身两部。花茎从叶丛中抽生，顶端有总苞	适宜栽培于阴凉、湿润气候地区，生长适温为12~25℃	食用蔬菜，可做林下或林缘地被	我国西南部、华中地区栽培
嘉兰		*Gloriosa superba*	百合科	蔓生草本。有块茎。叶卵状披针形。花着生于茎的先端，花被红色有黄边，边缘呈皱波状，向上反卷	喜温暖，不耐寒，喜阳光，但夏季不耐强光直射	可用于棚架、亭柱、花廊等处绿化	我国南部地区
萱草	黄花、金针花	*Hemerocallis fulva*	百合科	多年生耐寒草本。全株光滑无毛，根茎短，有肉质的纤维根。叶主脉明显，基部交互裹抱。花葶由叶丛抽出，呈圆花序，花大、黄色。蒴果	耐寒，喜温暖、潮湿，对环境要求不严格，耐半阴	适宜于水旁和草地丛植	我国南北方广为栽培
玉簪	玉春棒、白鹤花	*Hosta plantaginea*	百合科	多年生宿根花卉。叶基生成丛，卵形至心状卵形。总状花序顶生，花为白色，管状漏斗形，浓香	喜阴，耐严寒。对土壤要求不高，栽培管理简单	做观叶植物，或做地被配置于林下或林缘	常用于长江流域及以北地区
紫萼		*H. ventricosa*	百合科	多年生草本。茎粗壮。单叶基生，叶片卵形。花葶由叶丛中抽出，花葶中部有叶状膜质苞片；总状花序，花为淡紫色	同玉簪	适宜在树下做地被植物，也可盆栽点缀室内或做切花	同玉簪
火炬兰	红火棒	*Kniphofia uvaria*	百合科	多年生宿根花卉，高40~50cm。茎生叶剑形。花梗长1m，总状花序，小花下垂	喜充足阳光，也耐半阴。宜排水良好、土层深厚的沙壤土栽培	适合布置多年生混合花境和在建筑物前配置，也可做切花	全国各地

＊续表＊

中文名	别名	学名	科名	形态特征	生物特征	园林应用	适应地区
阔叶麦冬	大麦冬	*Liriope platyphylla*	百合科	多年生草本。植株丛生；根多分枝，常局部膨大成纺锤形或圆矩形小块根。叶丛生，革质。总状花序，具多数花	常绿，耐寒，耐旱	景观园林中优良的林缘、草坪、水景、假山、台地修饰类彩叶地被植物	北方地区广泛应用栽培
山麦冬		*L. spicata*	百合科	多年生草本，植株有时丛生。根稍粗，纺锤形小块根。根状茎短，具地下走茎。叶基生。总状花序，具多数花	常绿，耐寒，耐旱	景观园林中优良的林缘、草坪、水景、假山、台地修饰类彩叶地被植物	北方地区广泛应用栽培
沿阶草	麦冬、书带草、细叶麦冬	*Ophiopogon japonica*	百合科	多年生常绿草本。叶由地面丛生，中央新叶直立，周围老叶拱形下垂，无地上茎。地下有横生根状茎，须根膨大呈纺锤状块根。总状花序	喜阴湿的环境，耐寒。对土壤要求不严，较耐水湿，不耐盐碱和干旱	做小径、花境、台阶等镶边材料，也可成片地栽于阴湿处观赏，也可做盆栽	全国各地
虎眼万年青		*Ornithogalum thyrsoides*	百合科	多年生常绿草本，鳞茎大。叶自鳞茎抽出，近肉质，带状，先端圆柱状，呈尾状。总状花序	喜阳光，也耐半阴，耐寒，夏季怕阳光直射，喜湿润环境	是布置自然式园林和岩石园的优良材料，也适用于切花和盆栽观赏	南北各地广泛栽培
吉祥草	松寿兰、小叶万年青	*Reineckia carnea*	百合科	多年生常绿草木，有匍匐茎。叶披针形，先端渐尖。穗状花序。浆果红色	喜温暖、湿润、半阴的环境。对土壤要求不严格，以排水良好、肥沃的壤土为宜	林下地被	长江流域以南各省区及西南地区
白穗花		*Speirantha gardenii*	百合科	根状茎圆柱形。叶 4~8 片，倒披针形。花白色	喜阴湿处，不耐阳光直射	林下地被植物，或于庭院、花园栽培	江苏、浙江、安徽、浙江、四川
澳洲草树（黑仔树）		*Xanthorrhoea australis*	黑胶树科	只开花不结果，叶当中形成一个筒状“水槽”，每株开过一次花就不再开花	喜温暖，喜光，也耐半阴，耐旱	常孤植或丛植于林下或开阔地	我国热带、亚热带地区

*** 续表 ***

中文名	别名	学名	科名	形态特征	生物特征	园林应用	适应地区
金毛狗		*Cibotium barometz*	蚌壳蕨科	叶丛生，叶长可达2m，阔卵状三角形，3 回羽状分裂，叶近革质，上端绿色而富光泽，下端灰白色。孢子囊群盖两瓣，形如蚌壳	生于山沟及溪边林下酸性土中，喜温暖和空气湿度较高的环境，畏严寒，忌烈日。对土壤要求不严，在肥沃、排水良好的酸性土壤中生长良好	观赏及药用，林下孤植或片植均可	我国华东、华南及西南地区皆有分布
车前草		*Plantago asiatica*	车前草斜	叶基出或近基出，叶脉多少平行，不具托叶。花期出花茎，头状花序或穗状花序，花小，常两性	以湿润、比较肥沃的沙质壤土为好。喜光，也耐阴	药用，可做林下地被	全国各地有栽培
日本活血丹		*Glechoma grandis*	唇形科	矮生匍地生长多年生草本。方茎对叶，5~6 月在上节位着生 1~3 朵淡紫色唇形花	生于林下阴地，喜湿润	做林下地被。花叶品种可供室内盆栽欣赏	长江中下游地区
活血丹		*Glechoma longituba*	唇形科	匍匐状草本。叶肾形至圆心形，两面有毛或近无毛。花冠淡蓝色至紫色。小坚果长圆形，棕褐色	各地常见，生长在较阴湿的荒地、山坡林下及路旁	可做林下地被。全草可入药	江苏、广东、四川、广西、浙江、湖南、福建等地
紫叶酢浆草		*Oxalis violacea*	酢浆草科	高 15~20cm。具球形根状茎，地下块状根茎呈纺锤形。菱叶，顶生3片小叶，紫色	喜温暖、湿润和半阴的环境，耐阴性、耐寒性强	做观花地被，也做花坛装饰	我国热带、亚热带地区广泛应用
变叶木	洒金榕	*Codiaeum varegatum*	大戟科	叶互生，卵圆形，全缘或分裂，扭曲或附有小叶，形状多变化，叶色绿至深绿或红紫色，有黄斑，叶脉有时为红色或紫色，革质有光泽。总状花序	喜温暖，不耐寒，喜光，不耐强光直射	地栽用于美化庭院，也做地被	热带、亚热带地区应用

中文名	别名	学名	科名	形态特征	生物特征	园林应用	适应地区
麻疯树		*Jatropha curcas*	大戟科	落叶灌木或小乔木，树皮苍白色，树液淡乳白色。叶互生，有长柄，丛集枝端，广心形，托叶细小，有毛。雌雄同株，聚伞花序腋出或顶生，伞房状排列	喜温暖、干燥及充足阳光，不耐阳光直射，生长适温为26~28℃	多作药用栽培、室内盆栽，也作庭园绿化	各地零星栽培
红背桂	红背桂花、青天地红	*Excoecaria bicolo*	大戟科	小灌木。叶互生，长圆状披针形，叶面绿色，叶背紫红色。花单性	喜温暖、湿润的环境，不耐寒，耐半阴。要求肥沃、排水好的沙壤土	南方常用于庭院、公园和居住小区绿化，做地被、绿篱	我国南部地区
元宝树（栗豆树）		*Castanospermum australe*	蝶形花科	中乔木。奇数羽状复叶，小叶互生，叶形为披针状长椭圆形，长8~12cm，全缘，革质。荚果长达20cm。种子为椭圆形	喜高温，适宜生长温度为22~30℃。幼株耐阴，日照50%~70%，成株日照须充足。适合种在疏松、肥沃的壤土或砂质壤土，排水须良好	幼株可当小盆栽，作为室内植物；成株可长到12m以上，做庭园观赏植物或行道树	我国南方栽培
枸骨冬青	猫儿刺	*Ilex cornuta*	冬青科	树皮灰白色。小枝密生而开展。单叶互生，椭圆状矩圆形，革质，有5枚坚硬刺齿，表面光亮，深绿色。花黄绿色，生于叶腋处	耐阴，喜温暖、湿润的气候。适生于微酸性的、肥沃、湿润的土壤	药用。用于绿篱或庭园绿化	长江中下游地区，为亚热带树种
锦绣杜鹃		*Rhododendron pulchrum*	杜鹃花科	半常绿灌木。枝具扁毛。叶长椭圆形，长3~6cm，叶上毛较少。花较大，鲜玫瑰红色，上部有紫斑，雄蕊10枚	喜光，耐半阴。对土壤要求不严，可露地栽培，喜酸性土壤	常用于庭园绿化，布置于林缘或花坛	我国各地栽培，适应于热带、亚热带地区
鹰爪		*Artabotrys hexapetalus*	番荔枝科	常绿花序卷攀型灌木。叶互生，全缘，纸质，长圆形或阔披针形。花1~2朵生于幼时能卷曲攀援的钩状总花梗上，淡绿或淡黄色，呈密伞花序。花梗木质化而弯曲，像鹰爪故得名，花芳香	热带植物，喜热、不耐寒。喜光，耐半阴。要求土壤疏松	根、叶可作药用，花可制香水，也可用来熏茶，作庭园装饰	分布于广东、海南、福建、广西、云南、浙江、江西

*** 续表 ***

中文名	别名	学名	科名	形态特征	生物特征	园林应用	适应地区
海桐花	山瑞香	*Pittosporum tobira*	海桐花科	常绿灌木，树冠近球形。单叶互生，有时近轮生状，表面浓绿色而有光泽。顶生伞房花序，小花白色或带绿色	喜肥沃、湿润的土壤，但对土壤条件要求不严，黏土、沙土及轻盐碱土壤均能适应	植于建筑物入口两侧、四周，做工厂矿区绿化树种	长江流域以南地区广泛栽培
人面竹（罗汉竹）		*Phyllostachys aurea*	禾本科	散生竹，秆高3~5m，径1~2cm。竹秆奇特，基部或中部以下数节畸形缩短，节间肿胀或缢缩	阳性，也耐阴，喜温暖、湿润气候，稍耐寒。对土壤要求不严，以排水良好的壤土为佳	庭园观赏，常成丛配置	华北南部至长江流域
西瓜皮椒草	西瓜皮	*Peperomia argyeia*	胡椒科	茎短，丛生。叶柄红褐色；叶卵圆形，尾端尖，长约6cm，叶脉由中央向四周辐射，主脉8条，浓绿色，脉间为银灰色	喜温暖、多湿及半阴的环境	适宜盆栽或吊挂式栽培。可成片植于林下或阴地	热带、亚热带地区
皱叶椒草	皱叶豆瓣绿、四棱椒草	*P. caperata*	胡椒科	高20cm。叶心形，叶面浓绿色有光泽；叶柄茶褐色至绿色，长10~15 cm。肉穗花序，白绿色，细长	喜温暖、湿润环境和排水良好的砂质壤土	花、叶均具观赏性，可布置于林下或阴地	广泛分布于热带、亚热带地区
圆叶椒草		*P. obtusifolia*	胡椒科	单叶互生，叶椭圆形或倒卵形，叶端钝圆，叶基渐狭至楔形，叶面光滑有光泽，质厚而硬挺。茎及叶柄均肉质粗圆	同皱叶椒草	同皱叶椒草	同皱叶椒草
虎耳草	金丝荷叶、耳朵红、老虎草	*Saxifraga stolonifera*	虎耳草科	全株有毛。匍匐茎细长。叶数片基生，肉质，叶片广卵形或肾形，基部心形或截形，边缘有不规则钝锯齿。圆锥花序，稀疏	生于阴湿处、溪旁树阴下、岩石缝内	药用。做林下地被	分布于华东、中南、西南地区
络石	万字茉莉、白龙藤	*Trachelospurmus jasminoides*	夹竹桃科	老枝光滑，节部常发生气生根，幼枝上有茸毛。单叶对生，椭圆形至阔披针形，叶面光滑，叶背有毛；叶柄很短。聚伞花序腋生，具长总梗	喜温暖、湿润，怕烈日。具有一定的耐寒力	花朵芳香，花后观叶，四季常青。做地被或垂直绿化	我国中部和南部地区园林栽培较为普遍

*** 续表 ***

中文名	别名	学名	科名	形态特征	生物特征	园林应用	适应地区
红山姜		*Alpinia purpurata*	姜科	叶片狭线形，长25~50cm。穗状花序多，较稠密，圆柱形，长15~25cm，花红色	喜暖湿，耐阴。喜排水良好、有机质丰富的土壤	林下或林缘布置，成丛、成片配置效果均好	热带、亚热带地区
姜荷花		*Curcuma alsimatifolia*	姜科	球茎圆球状至圆锥状。穗状花序，花梗上端有7~9片半圆状绿色苞片，接着为9~12片鲜明的阔卵形粉红色苞片	春季萌芽，夏季开花，当雨季转为干季时，地上部停止生长、茎叶变黄、枯死，进入休眠	林下、林缘布置，也做花坛栽培及切花材料	我国南亚热带地区适应
孔雀沙姜	紫花山柰、孔雀山柰、丽花郁金	*Kaempferia pulchra*	姜科	多年生草本，植株较矮小，丛生，地下有根茎。叶基生，皱褶，暗绿色，叶面具有红褐色孔雀斑纹。花冠紫色	喜高温、湿润、半阴的环境，生长适温为16~20℃。宜排水良好、腐殖质丰富的沙质壤土	适用于庭园阴蔽处美化或盆栽用于室内观赏	我国南方地区栽培应用
翠云草	蓝地柏	*Selaginella uncinata*	卷柏科	主茎伏地，属蔓生草本。孢子穗生于小枝顶，四棱柱形。叶面呈美丽的翠绿色	喜温暖和半阴的环境，怕强光照射。土壤以疏松的腐叶土最好。冬季温度不低于5℃	属小型观叶植物，做林下地被或垂直布置	我国热带、亚热带地区
大花芦莉		*Ruellia macrantha*	爵床科	植株60~100cm。叶椭圆状披针形，对生。夏至秋季开花，腋生，花冠圆筒状，先端5裂，桃红色	喜高温，生育适温为22~30℃。以富含有机质壤土或砂质壤土最佳	盆栽、花坛或庭院丛植	我国局部可利用
口红花	花蔓草	*Aeschynanthus pulcher*	苦苣苔科	植株蔓生，枝条下垂。叶椭圆形，对生，叶面浓绿光亮，叶背浅绿色。花序多腋生或顶生，花萼筒状	喜温和、光照充足的半阴环境，生长适温在25℃左右。土壤排水需良好，略呈微酸性	开出艳丽花朵的吊盆植物，极具观赏价值	南方地区可利用
大岩桐		*Sinningia speciosa*	苦苣苔科	球茎扁圆形；茎直立、短。叶对生，长圆形，密生茸毛，稍肉质。花顶生或腋生，呈钟形	用腐殖土或泥炭土加砂盆栽，盆土要疏松、排水良好、肥沃	室内盆花，也可林下应用	南方地区

*** 续表 ***

中文名	别名	学名	科名	形态特征	生物特征	园林应用	适应地区
竹柏		*Podocarpus nagi*	罗汉松科	常绿乔木，雌雄异株。单叶对生，椭圆至卵圆披针形，全缘，表面光滑。种子成熟深紫色，表皮有白粉末	阳光充足和半阴环境均能正常生长。喜排水良好的砂质壤土	适宜庭园美化、做行道树等	中国南部
龙吐珠	吐珠	*Clerodendrum thomsonae*	马鞭草科	攀援性常绿灌木花卉。花顶生或腋生，花萼白色，花疏散成簇	喜温暖、湿润，怕寒冷，冬季呈休眠或半休眠状态，室内不能低于 8℃	适宜庭园绿化、做林下地被均可	我国南方各地庭院广为栽培
鸡爪槭	鸡爪枫、青枫	*Acer palmatum*	槭树科	落叶小乔木。树皮平滑，深灰色。小枝细瘦，紫色或灰紫色。叶对生，掌状深裂，裂片 5~9 片，紫红色。伞房花序顶生，花紫红色	喜温暖、湿润气候及半阴的环境。不耐涝，较耐旱。适生于肥沃、疏松的土壤	观赏树种，可用于庭院绿化和做行道树或风景园林中的伴生树	我国长江流域，北达山东、南至浙江
满天星	细叶萼距花、细叶雪茄花	*Cuphea hyssopifolia*	千屈菜科	叶对生，线状披针形，甚细小。花腋生，紫红色至桃红色，全年开花不断	喜高温，稍耐阴，不耐寒，适宜温度为 22~30℃。喜疏松、肥沃、排水良好的沙壤土	庭园石块旁做矮绿篱，或与常绿灌木或其他花卉配置形成优美景观。也可作地被栽植，还可作盆栽观赏	广东、广西、云南、福建等省区已有栽培
小果咖啡		*Coffea arabica*	茜草科	灌木或小乔木。叶薄革质，卵状披针形，叶缘全缘，浅波状。聚伞花序，花冠白色。浆果，成熟时红色	喜温，能耐阴。喜疏松、肥沃的土壤	林下、林缘或建筑背阴面的绿化	我国云南、广东、广西、台湾有引种
栀子	木丹、越桃、鲜支、林兰	*Gardenia jasminoides*	茜草科	常绿丛枝灌木，幼枝绿色，有垢状毛。叶革质。花大，白色，芳香，单生于枝端或叶腋。果实黄色，革质或带肉质	最佳生长温度为 16~18℃。喜酸性土壤	供观赏，具抗有害气体及吸滞粉尘的能力	长江以南各省区

＊续表＊

中文名	别名	学名	科名	形态特征	生物特征	园林应用	适应地区
二月兰	诸葛菜、二月蓝	*Orychophragmus violaceus*	十字花科	一、二年生草本植物。茎直立且仅有单一茎。总状花序，花色蓝紫，花瓣4枚。果实为长角果	生长于林下或林缘，对土壤、光照等条件要求较低，耐寒，耐旱，生命力顽强	可用于园林、公园的绿化。做地被形成二月兰花海	常见于东北、华北等地区
网球花	绣球百合、网球石蒜	*Haemanthus multiflorus*	石蒜科	为多年生草本，有鳞茎。叶阔而钝头。花茎实心，稍扁平，花多朵，排成一头状花序，下承托以佛焰苞一轮，红色或白色。种子球形	喜温暖，怕炎热，怕严寒，喜散射光，能耐半阴，喜湿润。在排水良好的壤土中生长良好	南方室外丛植、成片布置于林下或林缘	我国南方应用
石蒜	龙爪花、螳螂花	*Lycoris radiata*	石蒜科	多年生草本，有鳞茎。叶带状，深绿色。伞形花序，花鲜红色或具白色边缘，也有白花品种	耐高温、多湿，耐寒性不强。喜疏松、肥沃、排水良好的土壤	可成片种植于庭院，也可做林下地被	广泛分布于我国华东、华中及西南诸省区
葱兰	玉帘、风雨兰、葱叶水仙	*Zephyranthes candida*	石蒜科	多年生矮小草本，地下有小鳞茎。叶细线形，肉质。一茎一花，萼、瓣各3枚，白色，雄蕊6枚，花药黄色。果为蒴果，近于球形	喜高温，耐旱。日照充足生育较良好，开花较旺盛。以富含有机质的肥沃砂质壤土为佳。排水需良好	适合盆栽或花坛缘栽，也常沿庭园步道栽植	长江以南地区
韭兰	花韭、菖蒲莲、红菖蒲	*Z. grandiflora*	石蒜科	多年生草本，鳞茎卵球形。叶扁平线形。花茎长20~30cm，一茎一花，花被片6片，粉红或桃红色，雄蕊6枚，花药黄色，子房下位。蒴果，近球形	生性强健，耐旱，抗高温。喜光，耐阴	庭园花坛缘栽、盆栽，也做地被	长江以南地区
风雨花（小韭兰）		*Z. rosea*	石蒜科	多年生草本，地下具卵形鳞茎。叶线形。花粉红色，喇叭状，单生于花茎顶端，花被片6片	喜湿润、肥沃而排水良好的土壤	栽培于庭园花坛	我国有广泛种植

*** 续表 ***

中文名	别名	学名	科名	形态特征	生物特征	园林应用	适应地区
正木（大叶黄杨）	冬青卫茅、黄杨木	*Euonymus japonica*	卫矛科	常绿灌木或小乔木。小枝稍有棱。叶片革质，浓绿而有光泽，边缘有钝锯齿。聚伞花序，小花白绿色。蒴果，扁球形	喜温暖、湿润和阳光充足的环境，稍耐阴，耐寒冷。对土壤要求不严	为园林花木，做绿篱，或剪成球形，装饰草坪等处	长江流域广泛栽培
洋长春藤		*Hedera helix*	五加科	常绿木质藤本，攀援或匍匐生长，具气根。叶的大小形态多样，全缘或近全缘。球状伞形花序，花白色。果球形，成熟时黑色	耐旱力差，不耐阳光直射，但甚耐阴，也不耐霜冻及干燥气候。喜温暖及肥沃、湿润及排水良好的土壤	常作较阴处墙面、栅栏、岩面的攀附绿化，也常做地被或垂吊植物	我国各地栽培普遍
常春藤	爬树藤、长春藤	*H. nepalensis* var. *sinensis*	五加科	多年生常绿藤本观叶植物。茎上有气生根。细嫩枝条被柔毛。叶互生，革质，油绿光滑，叶有两型：营养枝之叶、花果枝之叶。花为伞形花序，再聚成圆锥花序	抗寒、抗旱、抗病虫害，耐阴性好，适应性强。对土壤要求不严	可用作棚架或墙壁的垂直绿化，又适合于室内盆栽，也是切花的配置材料	主要分布在华中、华南、西南地区和甘肃、陕西等地
蚌兰	紫背鸭跖草、紫背万年青	*Rhoeo spathacea*	鸭跖草.	叶子长椭圆状披针形，抱茎紧密互生，先端渐尖，叶子背面暗紫色，厚革质。花白色或淡紫色	全日照、半日照均理想。喜高温、多湿，生育适温为 20~30℃。以肥沃的腐殖质壤土生育最佳，排水需良好	适合盆栽或庭园美化，可做地被	我国各地普遍栽培
日本鸢尾	白花射干、蝴蝶花	*Iris japonica*	鸢尾科	多年生宿根草本。根状茎短而粗。叶剑形质薄，淡绿色。花茎高于叶，花白色	喜阴，喜温暖，但有一定的耐寒性。要求疏松、肥沃的土壤	适宜林下林缘或灌丛边缘成丛、成片栽植	长江流域地区普遍栽培

*** 续表 ***

中文名	别名	学名	科名	形态特征	生物特征	园林应用	适应地区
九里香	千里香、月橘	*Murraya paniculata*	芸香科	常绿灌木或小乔木。多分枝，小枝无毛。羽状复叶互生，小叶互生，卵形或倒卵形，全缘，表面深绿有光泽。花白色，极芳香；聚伞花序腋生或顶生	喜温暖，不耐寒。喜湿润而较耐阴，稍耐干旱，忌积涝。土壤要求疏松、肥沃、通透性能强	可作绿篱栽植，或植于建筑物周围，也可盆栽供室内观赏	分布于湖南、广东、海南、广西、福建、贵州、云南等省区
大罗伞树		*Ardisia hanceana*	紫金牛科	灌木植物。叶片坚纸质或略厚，椭圆状或长圆状披针形，齿边具边缘腺点，两面无毛。复伞房状伞形花序，无毛，花瓣白色或带紫色，卵形，具腺点。果球形，深红色	喜温暖、阴蔽或半阴的环境。要求疏松、富含腐殖质、湿润的土壤	可作林下或林缘下层配置，也可盆栽观赏	分布于浙江、安徽、江西、福建、湖南、广东、广西
紫金牛		*A. japonica*	紫金牛科	常绿，茎匍匐生根。叶对生或轮生，坚纸质，椭圆形，边缘有锯齿。花序近伞形，腋生或近顶生，花两性，白色。浆果红色	喜温暖、潮湿、阴蔽或半阴的环境。要求疏松、富含腐殖质、湿润的土壤	常用作盆栽观赏。暖地可于岩石园、花坛中配植	分布于长江流域以南各省区
菜豆树	辣椒树、接骨凉伞	*Radermachera sinica*	紫葳科	落叶乔木。2 回奇数羽状复叶，小叶椭圆形，顶端有长尾尖。圆锥花序顶生，花冠黄白色，筒状，一侧膨大，裂片 5 枚，不等大。蒴果线状圆柱形	喜高温、多湿的环境，可全日照或半阴。栽培以沙壤土为好	常作中庭或建筑物背阴处绿化。幼树盆栽是高级观叶植物	分布于我国台湾、广东、广西、贵州、云南
三药槟榔		*Areca triandra*	棕榈科	茎丛生，具明显的环状叶痕。叶羽状全裂，约 17 对羽片，顶端一对合生。佛焰苞 1 个，革质；雌雄同株。果实卵状纺锤形，熟时由黄色变为深红色。种子椭圆形至倒卵球形	喜温暖、湿润气候，耐暑热，也较耐寒冷，能耐 -8℃左右低温。喜光，能耐烈日，也较耐阴蔽。对土壤的要求不严	庭院布置，常单丛或多丛种植	我国台湾、广东、云南等地有栽培

中文名索引

A

矮紫杉 — 122

B

八角金盘 — 144
巴西鸢尾 — 073
白芨 — 066
白桫椤 — 090
白掌 — 026
百合竹 — 160
百子莲 — 067

C

巢蕨 — 062
橙红闭鞘姜 — 068
垂榕 — 106
春羽 — 024

D

大鹤望兰 — 048
大伞树 — 111
大叶仙茅 — 018
吊兰 — 035
吊竹梅 — 080
东方铁筷子 — 054
东方紫金牛 — 159

E

鹅掌藤 — 146

F

粉菠萝 — 030
福木 — 110
富贵椰子 — 128
富贵竹 — 162

G

龟背竹 — 020

H

海芋 — 070
海州常山 — 102
合果芋 — 081
鹤望兰 — 050
红背竹芋 — 012
红边龙血树 — 100
红刺露兜树 — 166
红花蕉 — 034
红花文殊兰 — 076
虎尾兰 — 046
花叶冷水花 — 056
花叶万年青 — 022
花叶芋 — 072
花烛 — 028
华南苏铁 — 119
黄鸟赫蕉 — 052
黄杨 — 132
幌伞枫 — 112
灰莉 — 134

J

金脉爵床 — 136
金粟兰 — 149

K

卡拉斯榕 — 140
孔雀木 — 152

L

亮丝草类 — 019
鳞秕泽米铁 — 164
龙舌兰 — 172
鹿蹄橐吾 — 044
绿萝 — 084

M

马拉巴栗 — 104
蔓绿绒类 — 086
摩尔大泽米 — 094

N

南天竹 — 154

Q

千手兰 — 098
琴叶榕 — 105
秋海棠类 — 055

R

日本桃叶珊瑚 — 142
软叶针葵 — 095

S

散尾葵 — 125
山菅兰 — 038
肾蕨 — 058
桫椤 — 092

T

天门冬 — 040
铁线蕨 — 061

W

万年麻 — 174
万年青 — 027
蚊母树 — 101
五桠果 — 114

X

香龙血树 — 096
橡胶榕 — 108
肖竹芋类 — 016
小花龙血树 — 116
绣球花 — 156
雪花木 — 130

Y

艳凤梨 — 032
圆叶福禄桐 — 150

Z

珍珠梅 — 138
蜘蛛抱蛋 — 042
蜘蛛兰 — 074
栉花竹芋 — 014
朱蕉 — 176
竹蕉 — 170
棕竹 — 124

参考文献

[1] 赵家荣，秦八一．水生观赏植物［M］．北京：化学工业出版社，2003．

[2] 赵家荣．水生花卉［M］．北京：中国林业出版社，2002．

[3] 陈俊愉，程绪珂．中国花经［M］．上海：上海文化出版社，1990．

[4] 李尚志，等．现代水生花卉［M］．广州：广东科学技术出版社，2003．

[5] 李尚志．观赏水草［M］．北京：中国林业出版社，2002．

[6] 余树勋，吴应祥．花卉词典［M］．北京：中国农业出版社，1996．

[7] 刘少宗．园林植物造景：习见园林植物［M］．天津：天津大学出版社，2003．

[8] 卢圣，侯芳梅．风景园林观赏园艺系列丛书——植物造景［M］．北京：气象出版社，2004．

[9] 简・古蒂埃．室内观赏植物图典［M］．福州：福建科学技术出版社，2002．

[10] 王明荣．中国北方园林树木［M］．上海：上海文化出版社，2004．

[11] 克里斯托弗・布里克尔．世界园林植物与花卉百科全书［M］．郑州：河南科学技术出版社，2005．

[12] 刘建秀．草坪・地被植物・观赏草［M］．南京：东南大学出版社，2001．

[13] 韦三立．芳香花卉［M］．北京：中国农业出版社，2004．

[14] 孙可群，张应麟，龙雅宜，等．花卉及观赏树木栽培手册［M］．北京：中国林业出版社，1985．

[15] 王意成，王翔，姚欣梅．药用・食用・香用花卉［M］．南京：江苏科学技术出版社，2002．

[16] 金波．常用花卉图谱［M］．北京：中国农业出版社，1998．

[17] 熊济华，唐岱．藤蔓花卉［M］．北京：中国林业出版社，2000．

[18] 韦三立．攀援花卉［M］．北京：中国农业出版社，2004．

[19] 臧德奎．攀援植物造景艺术［M］．北京：中国林业出版社，2002．